粮改饲—优质青贮行动计划（GEAF）

中国全株玉米青贮质量安全报告（2020）

全国畜牧总站
中国农业科学院北京畜牧兽医研究所 编

中国农业科学技术出版社

图书在版编目（CIP）数据

中国全株玉米青贮质量安全报告. 2020 / 全国畜牧总站，中国农业科学院北京畜牧兽医研究所编. —北京：中国农业科学技术出版社，2021.5

ISBN 978-7-5116-5303-1

Ⅰ.①中… Ⅱ.①全…②中… Ⅲ.①青贮玉米—质量管理—安全管理—研究报告—中国—2020 Ⅳ.①S513

中国版本图书馆CIP数据核字（2021）第079990号

责任编辑　金　迪
责任校对　李向荣
责任印制　姜义伟　王思文

出 版 者　中国农业科学技术出版社
　　　　　北京市中关村南大街12号　　邮编：100081
电　　话　（010）82109705（编辑室）　（010）82109702（发行部）
　　　　　（010）82109709（读者服务部）
传　　真　（010）82106650
网　　址　http://www.castp.cn
经 销 者　各地新华书店
印 刷 者　北京地大彩印有限公司
开　　本　889mm×1 194mm　1/16
印　　张　4
字　　数　53千字
版　　次　2021年5月第1版　2021年5月第1次印刷
定　　价　98.00元

版权所有·翻印必究

中国全株玉米青贮质量安全报告（2020）

编 委 会

主　任：魏宏阳

副主任：杨劲松　黄庆生　胡广东　秦玉昌　马　莹

委　员：李大鹏　胡翊坤　刘海良　张军民　粟胜兰　卜登攀　张庚武
　　　　荆　彪　白　音　张　鹏　张友良　朱　赫　卫喜明　杨增权
　　　　姜慧新　张小玲　蒋　婕　王　犁　刘亚林　赵宏涛　方宝华
　　　　杨毅青　张凌青　谈　锐

编写人员

主　编：刘海良　卜登攀　马　莹

副主编：胡广东　赵连生　粟胜兰　单丽燕　马　露

编　者：（按姓氏笔画排序）

万发春　马　毅　马记成　马甫行　王　典　王之盛　王明辉
王建平　王根林　王梦芝　巴特尔　申军士　史枢卿　司丙文
曲永利　庄洪廷　刘　茁　刘　栋　刘云祥　刘光磊　李　岚
李　霞　李大刚　李龙兴　李明顺　李树聪　杨　库　杨　忠
杨正楠　杨红建　杨丽萍　吴　哲　吴兆海　谷　巍　沈旖帆
张　帅　张　鹏　张大伟　张文举　张巧娥　张佩华　张学炜
张建勇　张养东　张桂国　张海成　陈　莹　陈雅坤　周　旌
周振峰　郑爱荣　赵　勐　姚军虎　祖晓伟　袁桂英　耿金才
徐春城　高　民　高艳霞　郭　玮　郭同军　郭旭生　郭江鹏
郭丽鲜　黄莉莉　脱征军　梁　坤　屠　焰　韩吉雨　景春梅
臧长江　瞿明仁

Preface 前 言

粮改饲作为党中央、国务院深入推进农业供给侧结构性改革的重大部署之一，肩负着推进种植业结构调整和促进草食畜牧业提质增效的双重使命。推进粮改饲工作，是"化草为粮""藏粮于技"，提高大食物安全保障水平的重要举措，是饲草产业发展的重要抓手。"十三五"期间，中央财政累计投入财政资金94亿元，在"镰刀弯"和黄淮海部分地区实施粮改饲，推广种养结合模式，发展农区畜牧业。5年来，粮改饲的实施既减轻了玉米收储压力，为玉米有效去库存提供空间，又增加了优质饲草供应，降低饲草料成本，提高牛羊养殖竞争力。在实施粮改饲过程中，各地畜牧兽医部门鼓励种养一体化、订单合作、流转土地种植、专业化收贮服务等多种模式发展，建立了以养带种、以种促养、循环发展的新型种养关系。

2020年，为全面掌握粮改饲实施区域全株玉米青贮质量情况，受农业农村部畜牧兽医局委托，全国畜牧总站、中国农业科学院北京畜牧兽医研究所和国家畜禽养殖数据中心继续组织实施粮改饲—优质青贮行动计划（GEAF计划），在粮改饲试点省区的各级畜牧兽医部门、技术推广单位和生产企业积极配合下，从种植、调制、评价和利用4个环节推广关键技术，并对全国全株玉米青贮质量安全状况进行综合评价，形成了《中国全株玉米青贮质量安全报告（2020）》，旨在为全国粮改饲项目管理提供参考，帮助各粮改饲试点省区了解全株玉米青贮质量和安全现状，更好地推进粮改饲落地落实，推动畜牧业高质量发展。从《中国全株玉米青贮质量安全报告（2020）》结果看，我国粮改饲试点地区全株玉米青贮90%以上达到良好水平（其中17.5%达到优秀水平）。但在不同地域、不同畜种、不同养殖规模的全株玉米青贮质量之间仍存在一定差距，黄淮海地区全株玉米青贮质量状况最好，长江中下游和西北地区全株玉米青贮质量状况较好，且明显高于东北、西南和华南地区；奶牛养殖企业全株玉米青贮质量明显高于肉牛和肉羊养殖企业，养殖规模越大，全株玉米青贮质量越好。

2020年中国全株玉米青贮质量安全报告

为深入做好粮改饲工作，进一步掌握粮改饲试点地区全株玉米青贮质量状况，农业农村部畜牧兽医局委托全国畜牧总站和中国农业科学院北京畜牧兽医研究所开展粮改饲—优质青贮行动计划（GEAF计划），从种植、调制、评价和利用4个关键环节推广关键技术，全面提升青贮饲料品质，推动畜牧业高质量发展。2020年，根据计划，对全国17个粮改饲试点省区629个县粮改饲收贮主体的全株玉米青贮进行质量跟踪评价，共采集有效样品737个，每个样品检测21项质量安全指标，同时结合相关单位委托检测评价的533个玉米青贮样品数据，共检测样品1 270个，分析指标26 670个，按照全株玉米青贮质量分级指数评价（CSQS），形成了《中国全株玉米青贮质量安全报告（2020）》。

一、评价结果

按照全株玉米青贮质量分级指数评价[①]，2020年我国粮改饲试点地区全株玉米青贮质量90%以上达到良好水平（图1），同比提高6.2%（图2）。但在不同地域、养殖规模和草食动物畜种之间青贮质量仍存在一定差距，黄淮海和长江中下游地区全株玉米青贮质量分级指数比华南地区分别高39.0%和35.0%，奶牛养殖企业全株玉米青贮质量分级指数比肉牛和肉羊养殖企业分别高13.7%和12.8%。

[①] 以全株玉米青贮营养指标（干物质、粗蛋白质、淀粉、粗脂肪、30h中性洗涤纤维消化率）和发酵指标（氨和乳酸）为核心构建的全株玉米青贮质量分级指数（CSQS）能全面反映全株玉米青贮的营养和发酵品质，$CSQS_{(0\sim100)} = (CSQI-0.09)/0.84 \times 100$；CSQI为全株玉米青贮质量指数，$CSQI = \sum_{i=1}^{n}(Wi \times Si)$，其中，$Si$表示以营养指标（DM、CP、淀粉、EE、30h NDFD）和发酵指标（氨和乳酸）的测定含量，Wi为各个指标的权重。

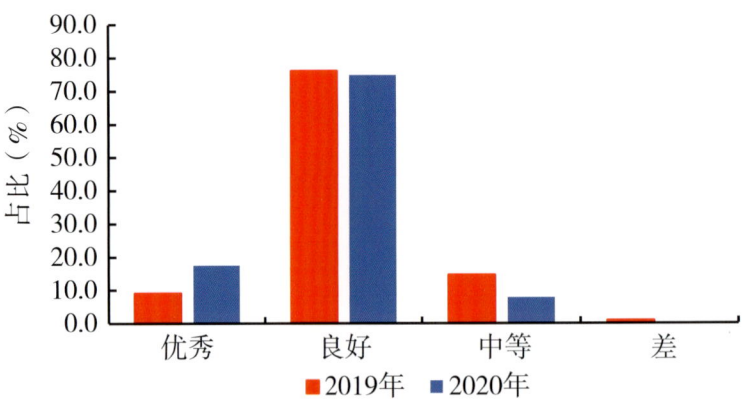

图1 中国全株玉米青贮质量分级指数（CSQS）分布

（一）90%以上全株玉米青贮质量达到良好水平

随着粮改饲GEAF计划持续推进，不断加快青贮饲料调制技术规范化和标准化进程，制作青贮饲料工作效率明显提高，全株玉米青贮营养和发酵品质有了很大提升。2020年，我国全株玉米青贮质量90%以上达到良好水平，比2019年上升5个百分点，其中17.5%达到优秀水平，CSQS平均值为64.9分，同比提高6.2%。其中，30h中性洗涤纤维消化率（30h NDFD）、淀粉含量和乳酸含量平均值比2019年分别提高了6.1%、1.8%和2.2%（图2），表明我国全株玉米青贮在收割、调制和贮后管理等技术环节得到改善。

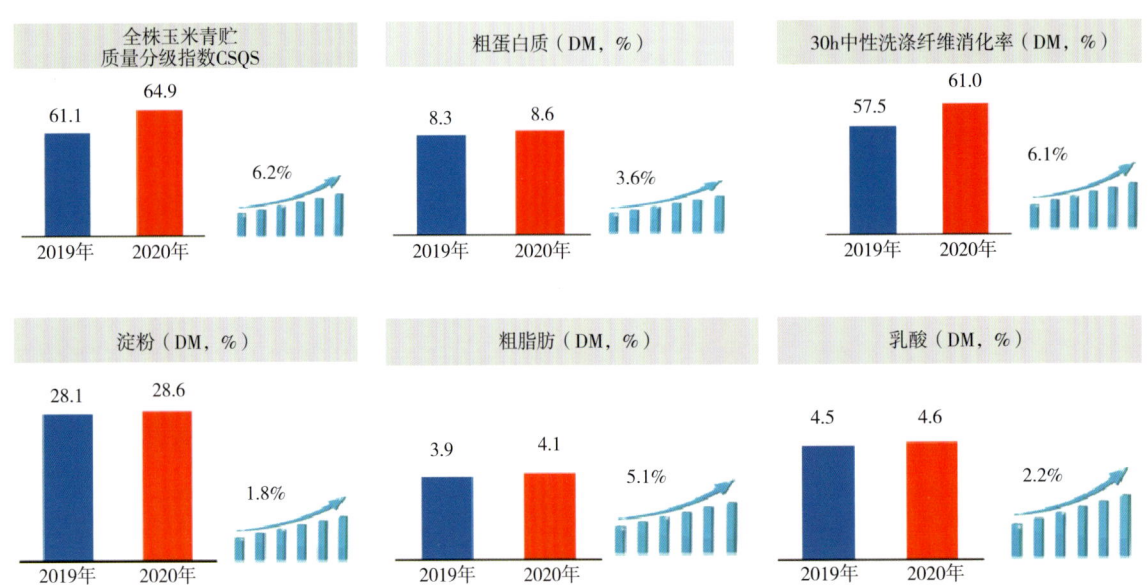

图2 2019—2020年中国全株玉米青贮质量变化情况

（二）全株玉米青贮质量持续提升

从CSQS评价结果看，不同种植区域、不同养殖规模、不同养殖畜种之间，全株玉米青贮质量持续提升。奶业主产区的全株玉米青贮质量整体水平仍高于其他区域，包括黄淮海地区（CSQS为68.4分）、长江中下游地区（CSQS为66.4分）、西北地区（CSQS为64.1分）、东北地区（CSQS为61.9分）、西南地区（CSQS为58.2分）和华南地区（CSQS为49.2分）（表1），其中，黄淮海、长江中下游、西北、东北和西南地区较2019年分别提升5.2%、4.9%、2.9%、9.4%、8.0%，华南地区较2019年下降10.2%。规模化养殖场全株玉米青贮的质量稳步提升，养殖规模越大，青贮质量越高（表2），由于产业成熟度和养殖规模程度差异，奶牛养殖企业全株玉米青贮质量普遍高于肉牛和肉羊养殖企业（表3），奶牛、肉牛、肉羊养殖企业的青贮质量较2019年分别上升8.2%、4.1%、9.1%。

表1 不同种植区域全株玉米青贮质量比较

项目	黄淮海地区[1]	长江中下游地区[2]	西北地区[3]	东北地区[4]	西南地区[5]	华南地区[6]	SEM	P值
干物质（%）	30.4[b]	34.2[a]	28.4[bc]	28.9[bc]	27.1[c]	25.1[d]	0.16	<0.01
粗蛋白质（%DM）	8.6[bc]	8.5[c]	8.7[bc]	8.4[c]	9.0[a]	10.2[a]	0.02	<0.01
淀粉（%DM）	31.1[a]	35.9[ab]	26.3[bc]	28.8[b]	21.7[cd]	16.9[d]	0.31	<0.01
30h中性洗涤纤维消化率（%DM）	62.0[a]	57.0[c]	61.6[ab]	59.2[bc]	60.8[ab]	53.9[d]	0.17	<0.01
粗脂肪（%DM）	4.3[a]	3.8[bc]	4.0[ab]	4.0[ab]	3.9[bc]	3.6[c]	0.02	<0.01
氨（%DM）	1.0[a]	0.8[b]	0.9[ab]	0.8[b]	0.9[ab]	0.9[ab]	0.01	<0.01
乳酸（%DM）	4.5[b]	4.6[ab]	4.8[a]	4.7[a]	4.5[b]	4.4[b]	0.04	0.02

(续表)

项目	黄淮海地区[1]	长江中下游地区[2]	西北地区[3]	东北地区[4]	西南地区[5]	华南地区[6]	SEM	P值
全株玉米青贮质量分级指数CSQS（分）								
2019年	65.0[a]	63.3[ab]	62.3[ab]	56.6[bc]	53.9[c]	54.8[c]	0.52	<0.01
2020年	68.4[a]	66.4[ab]	64.1[abc]	61.9[bc]	58.2[c]	49.2[d]	0.38	<0.01

注：同行数据肩标相同字母表示差异不显著，不同字母表示差异显著，下同。

[1]黄淮海地区：山东、河北、河南；
[2]长江中下游地区：安徽；
[3]西北地区：陕西、山西、青海、甘肃、新疆①、宁夏②、内蒙古③西部；
[4]东北地区：黑龙江、吉林、辽宁、内蒙古东部；
[5]西南地区：云南、贵州；
[6]华南地区：广西。

表2　不同规模奶牛场全株玉米青贮质量比较

项目	500头以下	500～1 000头	1 000～3 000头	3 000～5 000头	5 000头以上	SEM	P值
干物质（%）	30.1	30.5	30.9	30	31.5	0.18	0.17
粗蛋白质（%DM）	8.6	8.5	8.4	8.5	8.5	0.02	0.18
淀粉（%DM）	28.4	29.0	30.4	29.4	31.0	0.34	0.11
30h中性洗涤纤维消化率（%DM）	61.1	61.3	60.7	61.5	60.9	0.20	0.15
粗脂肪（%DM）	4.2	4.2	4.3	4.3	4.3	0.02	0.76
氨（%DM）	1.0	1.0	1.0	1.0	1.0	0.01	0.94
乳酸（%DM）	4.5[b]	4.7[b]	4.8[b]	4.8[b]	5.2[a]	0.05	<0.01

①新疆维吾尔自治区简称，全书同。
②宁夏回族自治区简称，全书同。
③内蒙古自治区简称，全书同。

（续表）

项目	500头以下	500～1 000头	1 000～3 000头	3 000～5 000头	5 000头以上	SEM	P值
全株玉米青贮质量分级指数CSQS（分）							
2019年	61.4^a	63.1^a	64.0^a	64.9^a	66.4^a	0.63	0.22
2020年	66.8^b	68.0^b	69.3^{ab}	70.3^{ab}	72.2^a	0.45	0.01

表3 不同养殖畜种全株玉米青贮质量比较

项目	奶牛	肉牛	肉羊	SEM	P值
干物质（%）	30.7^a	27.8^b	28.3^b	0.17	<0.01
粗蛋白质（%DM）	8.6^b	9.0^b	9.0^b	0.03	<0.01
淀粉（%DM）	31.6^a	25.2^b	25.8^b	0.33	<0.01
30h中性洗涤纤维消化率（%DM）	61.3	60.6	61.1	0.18	0.15
粗脂肪（%DM）	4.2^a	4.0^b	3.9^b	0.02	<0.01
氨（%DM）	1.0^a	0.9^b	0.9^b	0.01	<0.01
乳酸（%DM）	4.7	4.6	4.5	0.04	0.08
全株玉米青贮质量分级指数CSQS（分）					
2019年	63.7^a	58.2^b	56.0^b	0.52	<0.01
2020年	68.9^a	60.6^b	61.1^b	1.44	<0.01

（三）霉菌毒素检出率降低，未出现超标现象

全株玉米青贮中霉菌毒素未出现超标现象，检出值均低于国家标准限量值。跟踪评价样品中，赭曲霉毒素A、T-2毒素未检出，而黄曲霉毒素B_1、玉米赤霉烯酮、呕吐毒素、伏马毒素B_1最大值分别为3.8μg/kg、600.1μg/kg、

2 545.3μg/kg、397.2μg/kg，检出率分别为5.0%、64.0%、33.5%、53.0%（表4），其中黄曲霉毒素B_1、玉米赤霉烯酮、呕吐毒素检出率比2019年分别降低了34.5个百分点、7.5个百分点和3.0个百分点（图3）。

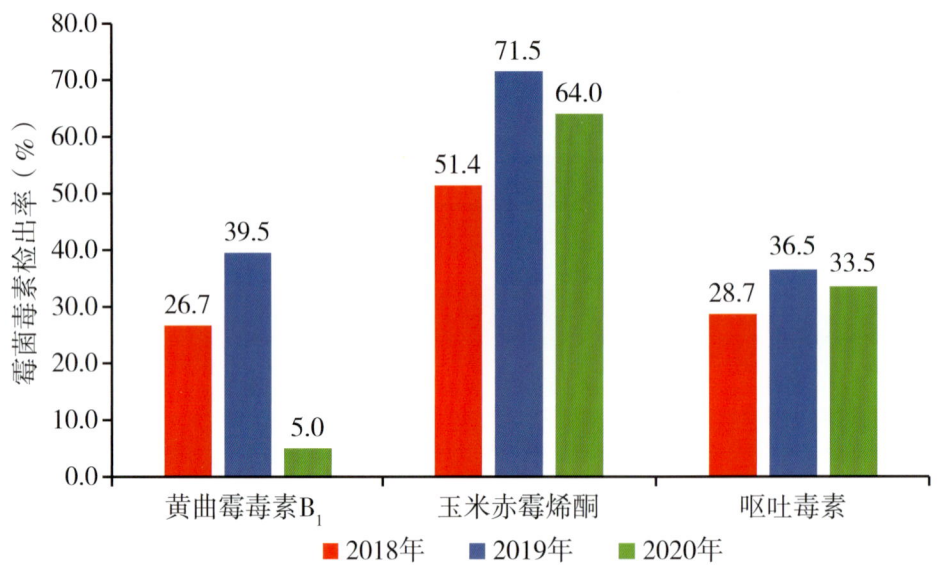

图3 2018—2020年中国全株玉米青贮霉菌毒素检测情况

表4 中国全株玉米青贮霉菌毒素检测情况

项目	平均值（μg/kg）	最大值（μg/kg）	最小值（μg/kg）	检测限（μg/kg）	检出率（%）	国家限量标准[1]（μg/kg）	超标率（%）
黄曲霉毒素B_1	0.13	3.8	0	2.3	5.0	30.0	0
玉米赤霉烯酮	82.8	600.1	0	59.1	64.0	1 000.0	0
呕吐毒素	636.8	2 545.3	0	740.0	33.5	5 000.0	0
伏马毒素B_1	101.7	397.2	0	100.0	53.0	60 000.0	0
赭曲霉毒素A	0	0	0	5.0	0	100.0	0
T-2毒素	0	0	0	5.0	0	500.0	0

注：[1]国家限量标准：参照GB 13078—2017饲料卫生标准。

二、主要问题

随着优质青贮行动计划实施，粮改饲试点地区全株玉米青贮质量有了很大提升，但仍存在一定的问题。

（一）种植户和养殖户仍存在脱节现象

缺乏科学有效的全株玉米青贮质量分级标准，种植户重视收贮"量"而轻"质量"，养殖户难以做到青贮饲料优质优价，青贮原料质量参差不齐，青贮饲料的品质价值无法得到充分体现。

（二）高效率作业机械设备不足

青贮饲草料收贮量大、作业时间集中，机械化要求高。国产中小型机械效率低、揉搓破壁效果差，影响收获进度和青贮品质；进口大型收获机械籽实破碎度好，收割效率高，但价格高、补贴少，部分产品未列入农机购置补贴名录。云南、贵州、广西[①]和青海等省区丘陵山区田块细碎、高低不平，机耕道路缺乏，收贮机械"下田难"和"作业难"，加之青贮饲料破碎度要求高，收贮季节易出现"无机可用"现象。

（三）人员技能水平仍存在较大差异

目前大中型规模化牧场在青贮制作过程中技术水平较高，青贮制作人员能够系统掌握青贮制作要点，兼顾各个制作环节，且青贮品质比较稳定。小规模牧场及养殖户青贮制作缺乏专业技术人员，无法准确把握收获时期，青贮制作不规范，青贮质量也难以保证。

[①] 广西壮族自治区简称，全书同。

三、建议

（一）全面实施全株玉米青贮质量分级体系

加快实施全株玉米青贮质量分级标准，促进养殖企业与专业种植公司（合作社）形成优质优价为基础的种养一体化融合，提升青贮饲料质量水平和饲用效率。

（二）加大技术培训力度

针对不同规模、不同水平牧场的实际问题，开展针对性培训，重点围绕收获时期把握、加工调制、质量评价、贮后管理等技术环节，提高一线技术人员的技术能力。同时，摸索出适宜当地的青贮生产模式，提升区域全株玉米青贮质量水平。

（三）加强国产青贮设备自主研发

针对不同区域、不同生产环节的需求，加强青贮饲料收贮设备自主研发与推广，提高我国青贮产业总体的机械化生产水平。重点开展适宜我国丘陵山区优质饲草收获、加工机械的研发和推广应用，满足优质青贮饲料标准化生产需求，并快速提升这些区域优质饲草生产的轻简化水平。

（四）搭建全国青贮饲料科技创新中心

组建一支涵盖种植、调制、评价、利用等环节产学研用一体化的青贮饲料科技创新中心，联合攻克青贮关键技术难题，制定优质青贮饲料标准化调制技术规范，培训实用化技术人才，普及青贮饲料应用知识，实现种、收、贮、用的有机衔接。

Contents 目 录

一、中国草食动物养殖现状 ·· 1
  （一）奶牛 ·· 1
  （二）肉牛 ·· 2
  （三）羊 ·· 4
二、全株玉米青贮种植现状 ·· 5
  （一）玉米种植概况 ·· 5
  （二）粮改饲试点地区全株玉米收贮概况 ···························· 6
三、全株玉米青贮质量现状 ·· 7
  （一）全株玉米青贮质量总体概况 ···································· 7
  （二）不同种植区域全株玉米青贮质量状况 ·························· 17
  （三）不同省区全株玉米青贮质量状况 ······························ 18
  （四）不同规模牧场全株玉米青贮质量状况 ·························· 31
  （五）不同养殖畜种全株玉米青贮质量状况 ·························· 32
  （六）存在问题 ·· 33
  （七）建议 ·· 34

四、全株玉米青贮安全现状 ·· 36
　　（一）全株玉米青贮安全概况 ·· 36
　　（二）不同省区奶牛场全株玉米青贮安全现状 ······················· 37
　　（三）存在问题 ··· 40
　　（四）建议 ··· 40

五、2021年全株玉米青贮质量安全工作重点 ···························· 41
　　（一）加强全株玉米青贮质量安全跟踪评价 ························· 41
　　（二）全面实施全株玉米青贮质量分级体系 ························· 41
　　（三）实施优质青贮行动，助力牧场提质增效 ···················· 41
　　（四）搭建全国青贮饲料科技创新中心 ································ 42

附件1　粮改饲—优质青贮行动计划（GEAF计划） ············ 43

附件2　中国全株玉米青贮样品的采集与评价指标 ················ 45

常用名词、术语中英文全称及英文缩写 ································ 48

一、中国草食动物养殖现状

我国牛羊养殖规模化程度和畜产品产量稳步提高，有力促进了青贮饲料产业发展。据农业农村部奶站监测数据和《中国畜牧兽医统计（2019）》数据表明，2019年，牛羊等畜产品产量和养殖规模比重持续提高，牛奶、牛肉和羊肉产量分别达到2 044.0万t、667.3万t和487.5万t；奶牛存栏100头以上规模养殖比重为64.0%，同比提高2.6个百分点，肉牛出栏量50头以上的规模养殖比重为27.4%，同比提高1.4个百分点，羊出栏量100只以上的规模养殖比重为40.7%，同比提高2.7个百分点。全株玉米青贮作为牛羊等草食动物重要的粗饲料来源，随着养殖规模化比重和管理精细化程度的提高，对于优质青贮饲料的需求持续增加。

（一）奶牛

规模化程度不断提升，生鲜乳产量稳步提高。据农业农村部奶站监测数据，2019年，荷斯坦奶牛存栏量为460.7万头，奶牛存栏100头以上规模化养殖比重为64.0%，同比提高2.6个百分点（图1-1）；生鲜乳产量同比增长5.7%；全国荷斯坦奶牛单产水平逐年提高，平均单产达8.0t，同比增长6.7%（图1-2）。

图1-1 2017—2019年中国荷斯坦奶牛存栏量和规模化养殖比重变化情况

（数据来源：《2019年畜牧业发展形势及2020年展望报告》，
农业农村部畜牧兽医局和全国畜牧总站编，2020）

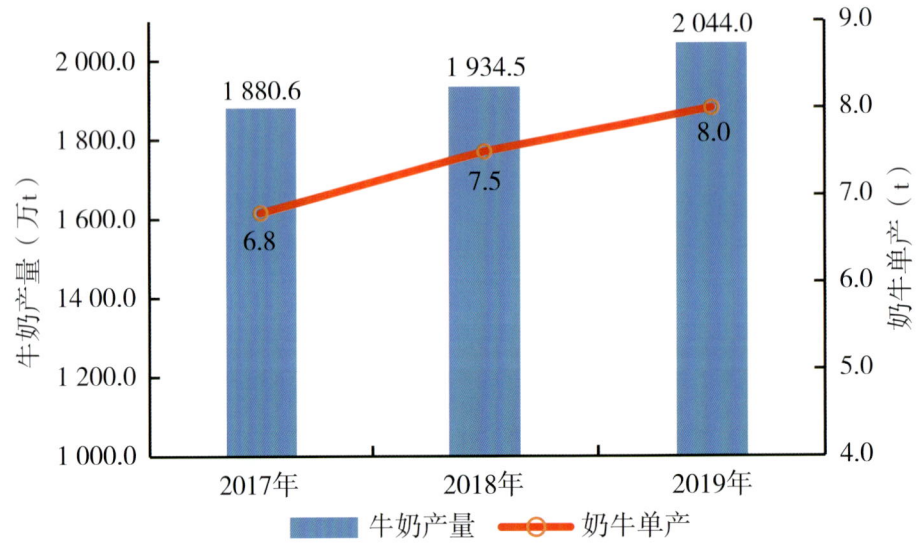

图1-2 2017—2019年中国牛奶产量和荷斯坦奶牛单产变化情况

（数据来源：《2019年畜牧业发展形势及2020年展望报告》，
农业农村部畜牧兽医局和全国畜牧总站编，2020）

（二）肉牛

肉牛存栏量大幅提升，牛肉产量连年上升。2019年，我国肉牛存栏量为

6 998.0万头,同比提高5.7%,出栏量50头以上的规模化养殖比重为27.4%,同比提高1.4个百分点(图1-3);肉牛2019年末出栏量为4 533.9万头,同比提高3.1%,牛肉产量为667.3万t,同比增加3.6%(图1-4)。

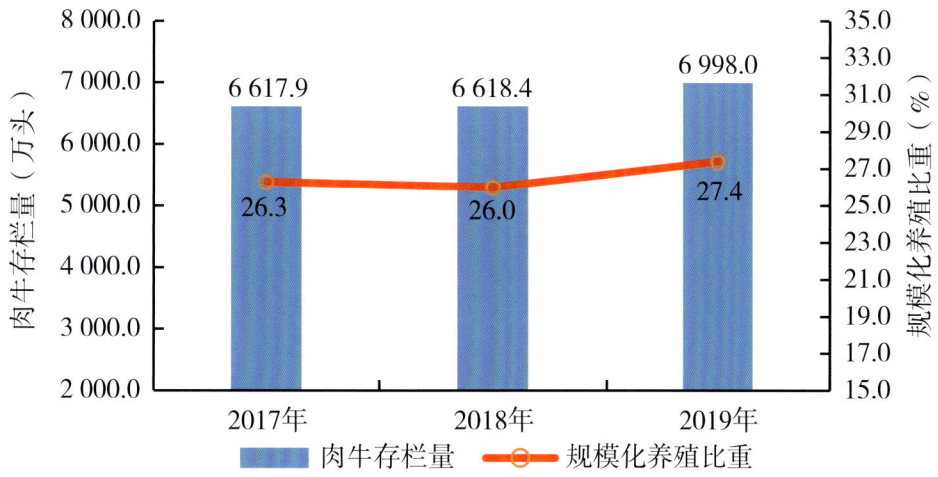

图1-3　2017—2019年中国肉牛存栏量和规模化养殖比重变化情况

(数据来源:《中国畜牧兽医统计(2019)》,
农业农村部畜牧兽医局和全国畜牧总站编,2020)

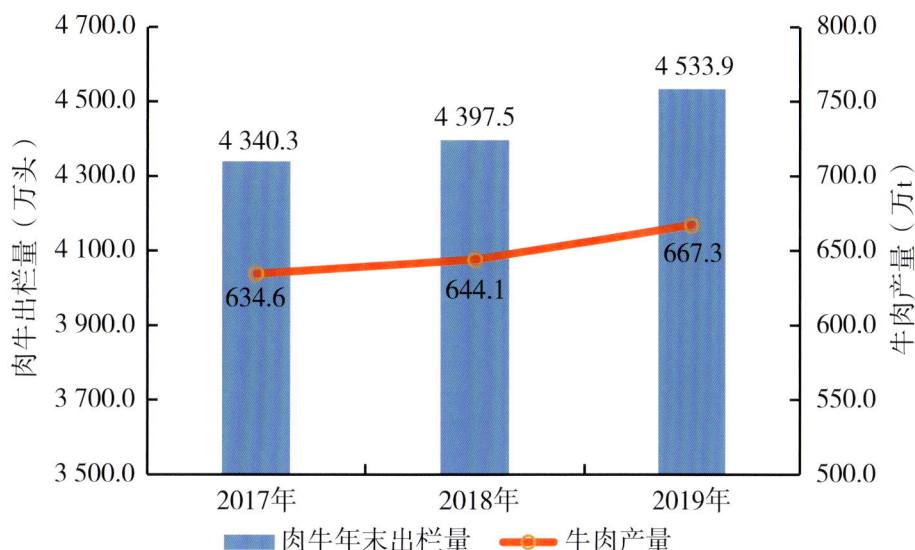

图1-4　2017—2019年中国肉牛年末出栏量和牛肉产量变化情况

(数据来源:《中国畜牧兽医统计(2019)》,
农业农村部畜牧兽医局和全国畜牧总站编,2020)

（三）羊

羊存栏量小幅回升，羊肉产量稳步增长。2019年，我国羊存栏量为30 072.1万只，同比提高1.2%，出栏量100只以上的规模化养殖比重为40.7%，同比提高2.7个百分点，比2017年提高2.0个百分点（图1-5）；羊2019年末出栏量为31 698.9万只，同比提高2.2%，羊肉产量为487.5万t，同比增长2.6%（图1-6）。

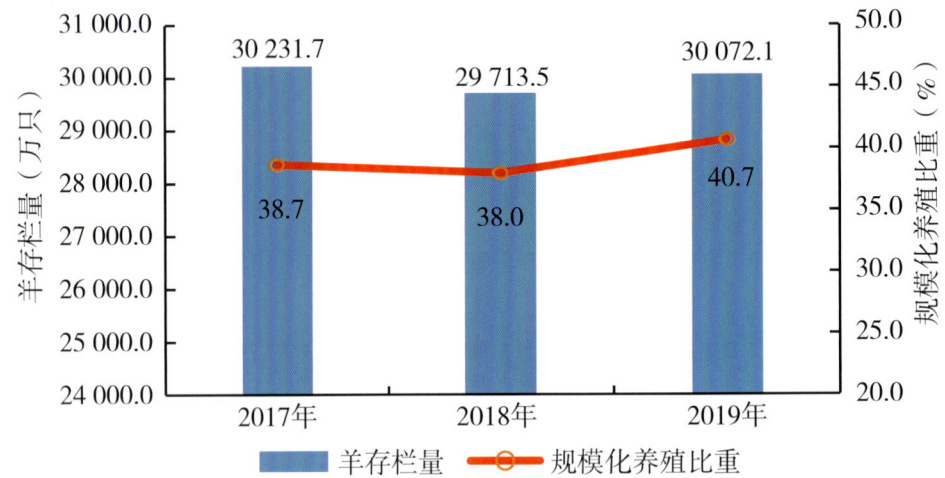

图1-5　2017—2019年中国羊存栏量和规模化养殖比重变化情况

（数据来源：《中国畜牧兽医统计（2019）》，
农业农村部畜牧兽医局和全国畜牧总站编，2020）

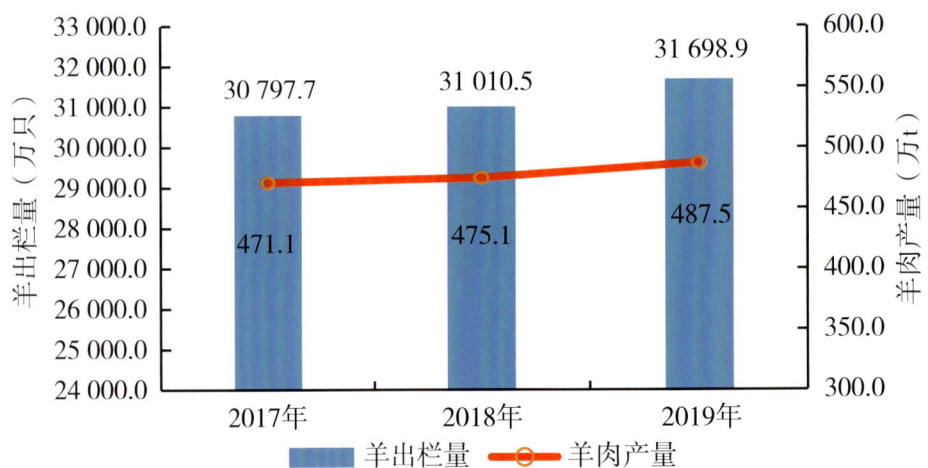

图1-6　2017—2019年中国羊年末出栏量和羊肉产量变化情况

（数据来源：《中国畜牧兽医统计（2019）》，
农业农村部畜牧兽医局和全国畜牧总站编，2020）

二、全株玉米青贮种植现状

（一）玉米种植概况

我国玉米种植面积逐步降低，粮改饲地区全株玉米收贮面积稳步增加。2019年，我国玉米种植面积为61 920.0万亩[①]，同比减少2.0%，比2017年减少2.6%；粮改饲试点地区全株玉米收贮面积1 521万亩，同比增加6.2%（图2-1）；全国玉米产量26 077.9万t，同比增加1.4%，比2017年增加0.7%（图2-2）。

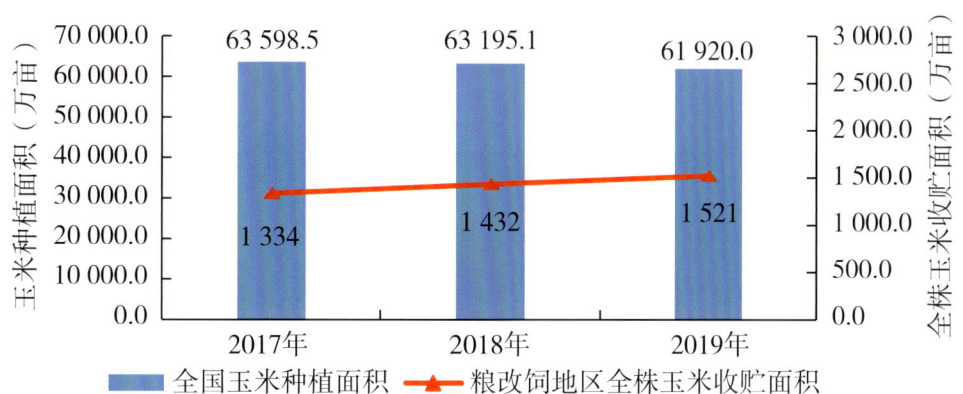

图2-1　2017—2019年中国玉米和粮改饲地区全株玉米收贮情况

（数据来源：国家统计局）

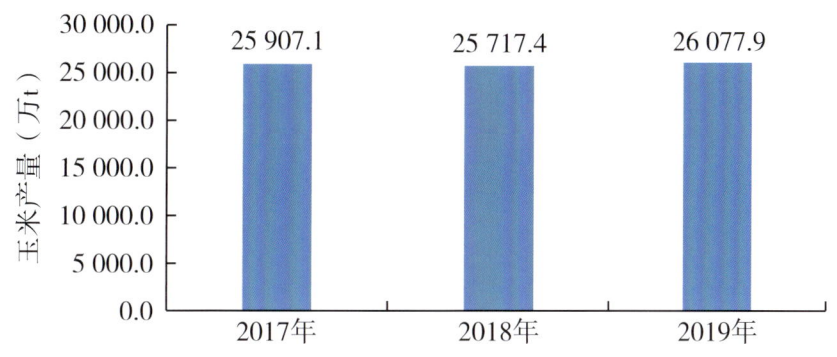

图2-2　2017—2019年中国玉米产量情况

（数据来源：国家统计局）

---

① 1亩≈667m²，全书同。

（二）粮改饲试点地区全株玉米收贮概况

自2015年粮改饲项目实施以来，粮改饲试点地区全株玉米收贮面积和收贮量逐年增加。2019年，粮改饲试点地区全株玉米收贮量为4 170万t，同比增加4.1%（图2-3）；收贮面积为1 521万亩，同比增加6.2%。

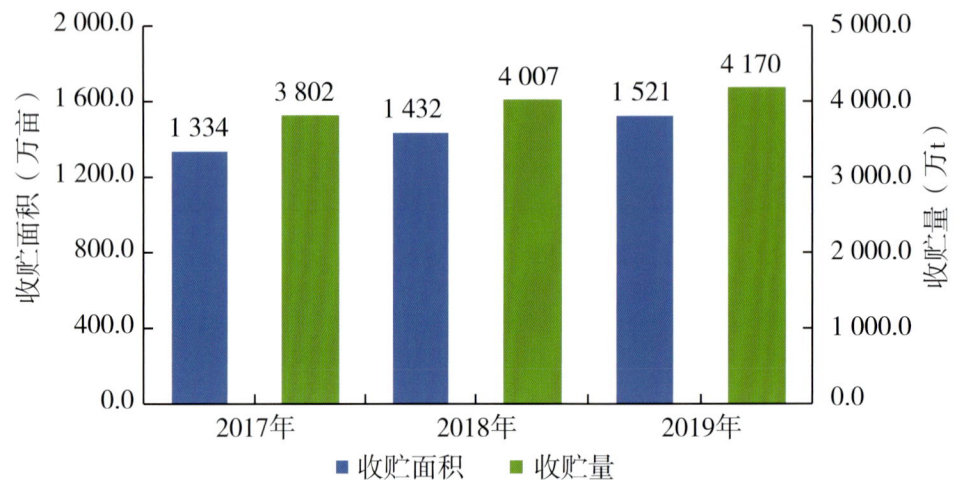

图2-3　2017—2019年粮改饲试点地区全株玉米青贮情况[①]

（数据来源：全国畜牧总站）

[①]根据《中国畜牧兽医年鉴（2018）》对粮改饲试点地区全株玉米收贮面积和收贮量进行了修正。

三、全株玉米青贮质量现状

（一）全株玉米青贮质量总体概况

1. 全株玉米青贮质量总体状况

全株玉米青贮质量达到良好水平。随着优质青贮行动计划（GEAF计划）实施，粮改饲试点地区全株玉米青贮质量有了很大提升，2020年全株玉米青贮质量分级指数（CSQS）平均值为64.9分（表3-1），90%以上达到良好水平，其中17.5%达到优秀水平。从评价结果看，我国养殖企业之间全株玉米青贮质量差异较大，说明我国全株玉米青贮在种植、收割、调制和贮存等技术环节需要进一步改善和提升。

表3-1　2020年中国全株玉米青贮质量总体状况

项目	全国平均值	最小值	最大值
DM（%）	29.3±4.5	15.8	46.3
CP（%DM）	8.6±0.7	6.0	10.8
NDF（%DM）	42.4±7.0	27.2	66.3
30h NDFD（%DM）	61.0±4.5	42.6	79.0
30h dNDF（%DM）	20.0±4.0	11.8	36.6
ADF（%DM）	26.4±4.7	15.6	46.9
淀粉（%DM）	28.6±8.6	6.1	43.0
EE（%DM）	4.1±0.5	2.2	5.8

(续表)

项目	全国平均值	最小值	最大值
Ash（%DM）	6.0 ± 1.2	3.6	13.4
pH值	3.8 ± 0.2	3.3	5.4
氨（%DM）	0.9 ± 0.3	0.3	2.2
乳酸（%DM）	4.6 ± 1.1	1.5	8.8
乙酸（%DM）	2.1 ± 0.9	0.1	5.4
乳酸乙酸比	3.0 ± 2.9	0.4	26.0
泌乳净能（Mcal/kg）	1.5 ± 0.1	0.9	1.8
维持净能（Mcal/kg）	1.7 ± 0.1	0.9	2.0
增重净能（Mcal/kg）	1.1 ± 0.1	0.4	1.4
CSQS[1]（分）	64.9 ± 10.3	29.0	89.9

注：[1]全株玉米青贮质量分级指数，由中国农业科学院北京畜牧兽医研究所制定，$CSQS_{(0\sim100)} = (CSQI-0.09)/0.84 \times 100$；CSQI为全株玉米青贮质量指数，$CSQI = \sum_{i=1}^{n}(Wi \times Si)$，其中，$Si$表示以营养指标（DM、CP、淀粉、EE、30h NDFD）和发酵指标（氨和乳酸）的测定含量，Wi为各个指标的权重。CSQS分级为：优秀，>75.0分；良好，51.0～75.0分；中等，26.0～50.9分；差，<26.0分。

2. 全株玉米青贮质量指标分布情况

（1）干物质

DM是决定全株玉米青贮质量好坏的重要指标，直接影响产量、营养价值和消化率。CSQS中DM含量的推荐值为30%～35%，全国全株玉米青贮DM含量平均值为29.3%。37.3%的样品DM含量介于30.0%～35.0%；9.3%样品的DM含量高于35.0%；53.4%样品的DM含量低于30.0%，其中有16.7%的样品低于25.0%（图3-1）。

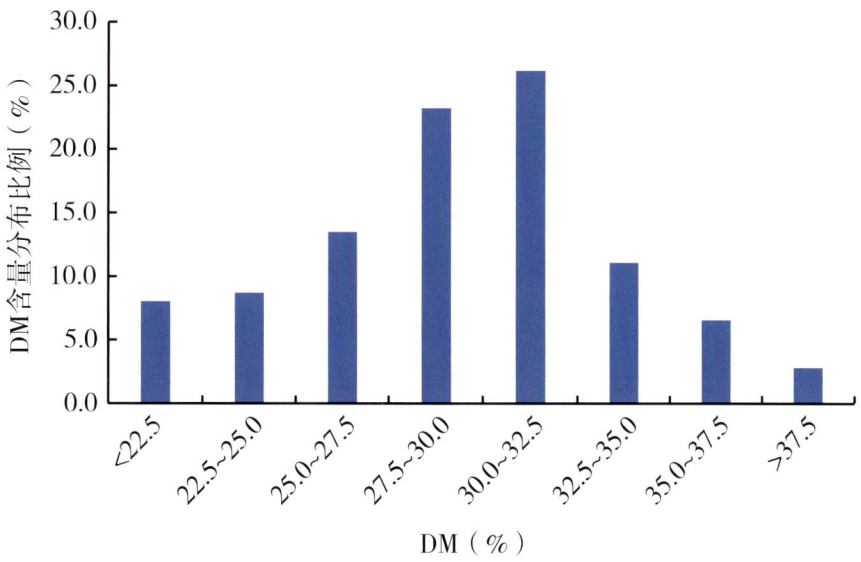

图3-1 中国全株玉米青贮DM含量分布情况

（2）粗蛋白质

CP是决定全株玉米青贮饲用价值的重要基础。CSQS中CP含量的推荐值为≥7.0%，全国全株玉米青贮CP含量平均值为8.6%。87.4%的样品CP含量高于8.0%，其中，32.3%的样品CP含量高于9.0%；但有12.6%的样品CP含量低于8.0%，其中0.8%的样品CP含量低于7.0%（图3-2）。

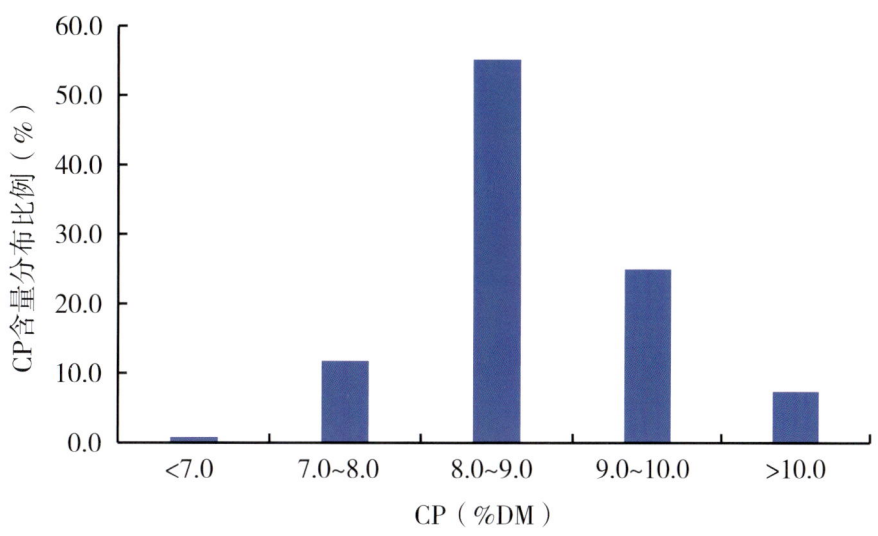

图3-2 中国全株玉米青贮粗蛋白质含量分布情况

（3）淀粉

淀粉为动物机体提供易于消化吸收的能量物质，其含量越高，全株玉米青贮营养价值也越高。CSQS中淀粉含量的推荐值为≥29.0%，全国全株玉米青贮淀粉含量平均值为28.6%。20.0%的样品淀粉含量高于34.0%，但有80.0%的样品淀粉含量低于34.0%，其中19.3%的样品淀粉含量低于19.0%（图3-3）。

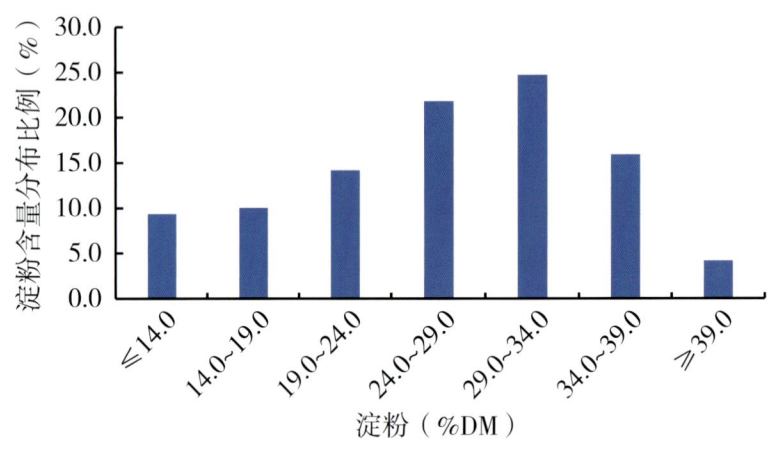

图3-3　中国全株玉米青贮淀粉含量分布情况

（4）粗脂肪

EE是为动物机体提供能量的主要物质。CSQS中EE含量的推荐值为≥3.0%，全国全株玉米青贮EE含量平均值为4.1%。60.1%的样品EE含量高于4.0%，其中4.8%的样品EE含量高于5.0%；但有39.9%的样品EE含量低于4.0%，其中1.0%的样品EE含量低于3.0%（图3-4）。

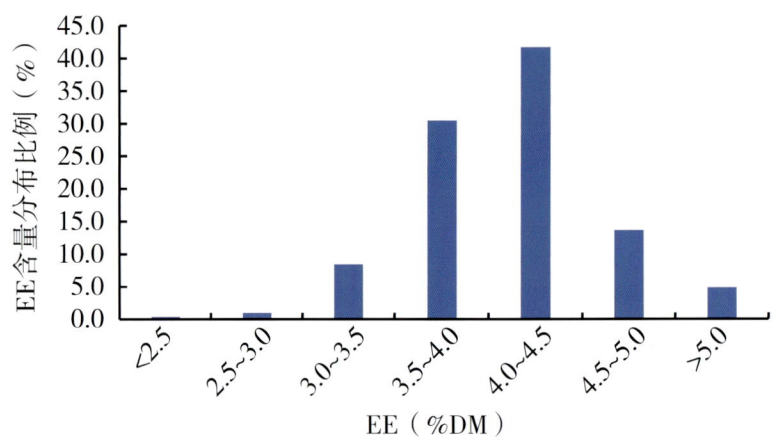

图3-4　中国全株玉米青贮EE含量分布情况

（5）30h中性洗涤纤维消化率

30h NDFD是反映全株玉米青贮中纤维质量好坏的最有效的指标，也影响动物采食量和生产性能。CSQS中30h NDFD的推荐值为≥52.0%，全国全株玉米青贮30h NDFD平均值为61.0%。80.4%的样品30h NDFD高于58.0%，其中13.9%的样品30h NDFD高于64.0%；但有19.6%的样品30h NDFD低于58.0%，其中4.5%的样品30h NDFD低于55.0%（图3-5）。

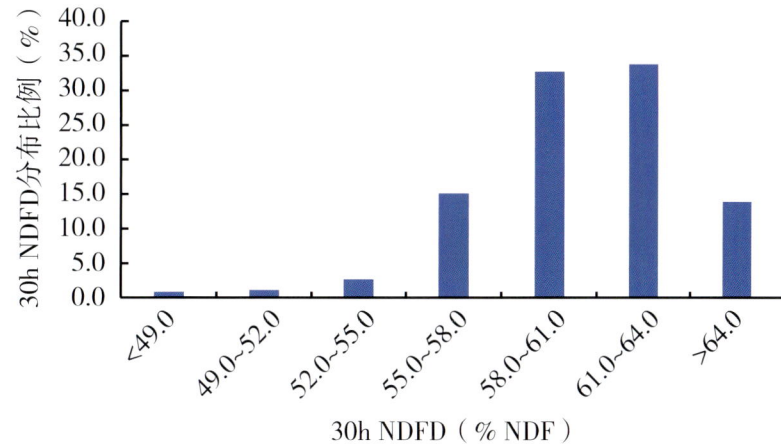

图3-5 中国全株玉米青贮30h NDFD分布情况

（6）氨

氨含量反映了全株玉米青贮中蛋白质及氨基酸的分解状况。CSQS中氨含量的推荐值为≤0.9%，全国全株玉米青贮氨含量平均值为0.9%。6.8%的样品氨含量低于0.6%；但有93.2%的样品氨含量高于0.6%，其中56.9%的样品氨含量高于0.9%（图3-6）。

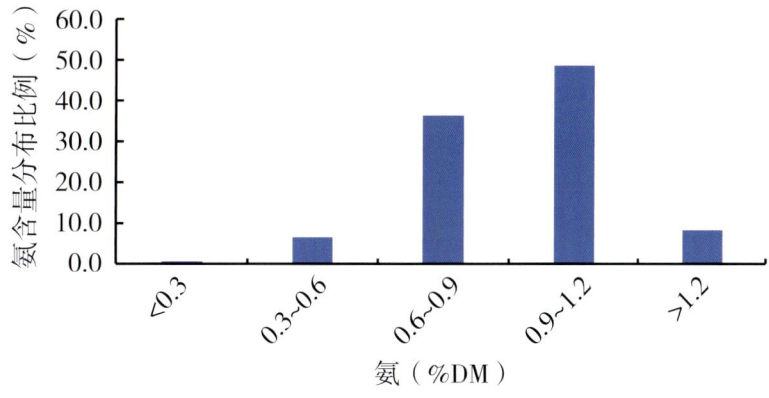

图3-6 中国全株玉米青贮氨含量分布情况

（7）乳酸

乳酸含量反映了全株玉米青贮中乳酸菌活动的状况，是评价青贮发酵质量好坏的关键指标。CSQS中乳酸含量的推荐值为≥4.0%，全国全株玉米青贮乳酸含量平均值为4.7%。35.8%的样品乳酸含量高于5.0%；64.2%的样品乳酸含量低于5.0%，其中8.9%的样品乳酸含量低于3.0%（图3-7）。

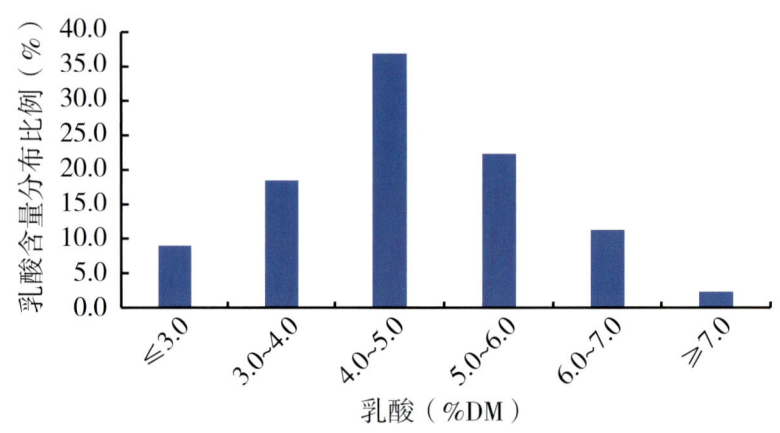

图3-7 中国全株玉米青贮乳酸含量分布情况

（8）中性洗涤纤维

NDF是衡量全株玉米青贮中纤维质量好坏的最重要指标，其含量越低，青贮品质越好。全国全株玉米青贮NDF含量平均值为42.4%。71.2%的样品NDF含量低于45.0%；但有28.8%的样品NDF含量高于45.0%，其中6.9%的样品NDF含量高于55.0%（图3-8）。

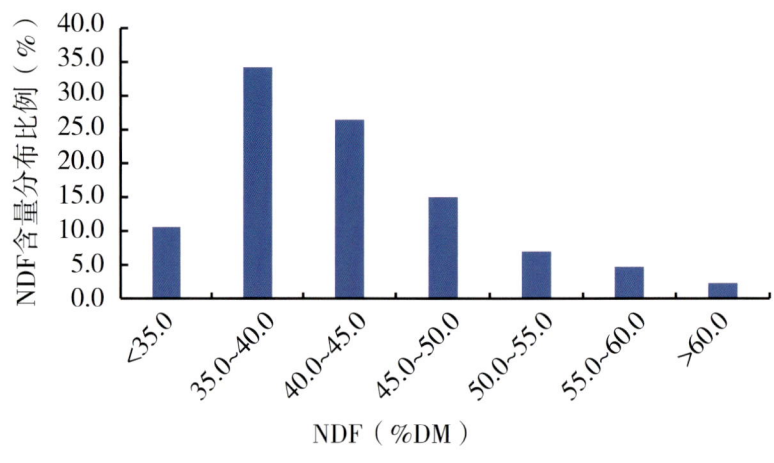

图3-8 中国全株玉米青贮NDF含量分布情况

（9）灰分

Ash可以用来反映全株玉米青贮受污染的程度。全国全株玉米青贮Ash含量平均值为6.0%。59.4%的样品Ash含量低于6.0%，其中14.3%的样品Ash含量低于5.0%；但有40.6%的样品Ash含量高于6.0%，其中6.7%的样品Ash含量高于8.0%（图3-9）。

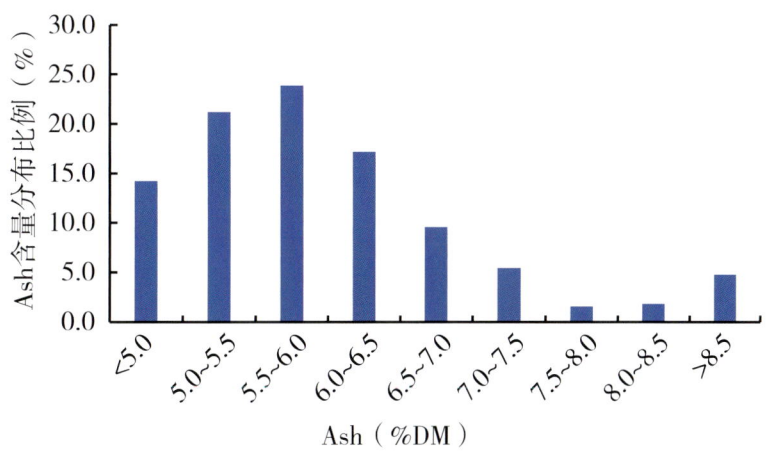

图3-9　中国全株玉米青贮Ash含量分布情况

（10）pH值

pH值是衡量全株玉米青贮发酵好坏的重要指标。全国全株玉米青贮pH平均值为3.8。86.9%的样品pH值低于4.0；但有13.1%的样品pH值高于4.0，其中2.6%的样品pH值高于4.4（图3-10）。

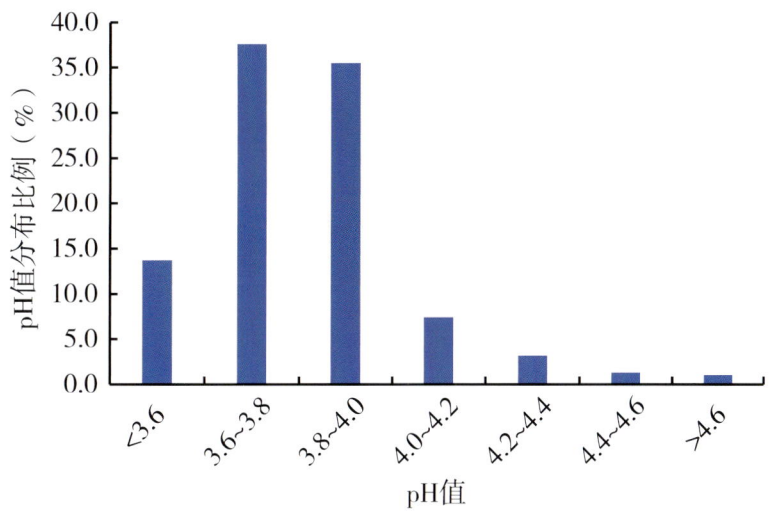

图3-10　中国全株玉米青贮pH值分布情况

（11）乙酸

乙酸可以快速降低全株玉米青贮的pH值，提高其有氧稳定性，但乙酸过高会降低青贮的品质。全国全株玉米青贮乙酸含量平均值为2.1%。31.4%的样品乙酸含量低于1.6%；但有68.6%的样品乙酸含量高于1.6%，其中17.4%的样品乙酸含量高于2.8%（图3-11）。

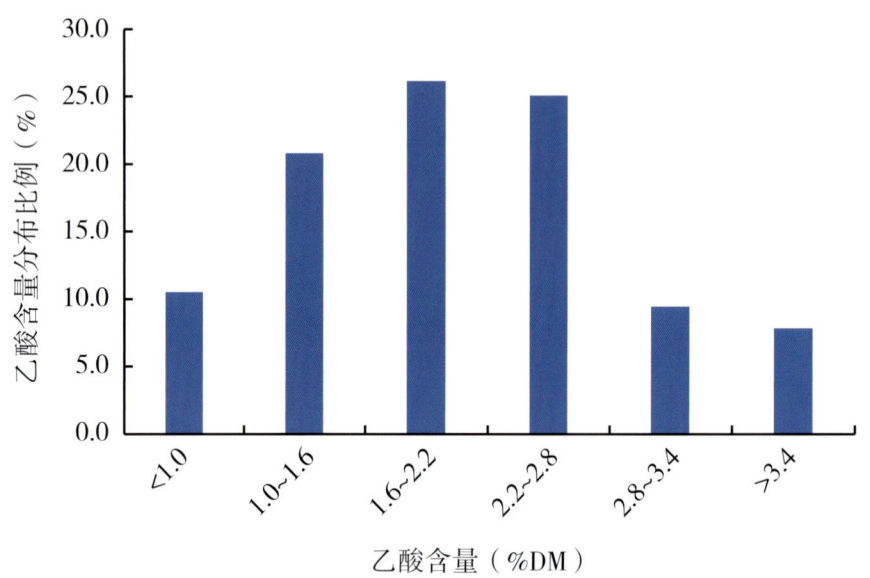

图3-11 中国全株玉米青贮乙酸含量分布情况

3. 2019—2020年全株玉米青贮质量对比状况

粮改饲试点地区全株玉米青贮营养品质和发酵品质明显提升。2020年，我国全株玉米青贮质量整体状况明显提升，较2019年提高了6.2%。从评价指标看，CP含量、30h NDFD、30h可消化中性洗涤纤维（30h dNDF）、淀粉含量、EE含量、乳酸含量和乳酸乙酸比显著提高，分别提高了3.6%、6.1%、5.8%、1.8%、5.1%、2.2%、36.4%；ADF含量、Ash含量、pH值显著降低，降低了4.3%、6.3%、2.6%（表3-2），表明我国全株玉米青贮在收割、调制和贮后管理等技术环节得到明显改善。

三、全株玉米青贮质量现状

表3-2 2019—2020年中国全株玉米青贮质量状况

项目	2019年	2020年	SEM	P值
DM（%）	29.8	29.3	0.13	0.05
CP（%DM）	8.3	8.6	0.02	<0.01
NDF（%DM）	42.4	42.4	0.19	1.00
30h NDFD（%DM）	57.5	61.0	0.13	<0.01
30h dNDF（%DM）	18.9	20.0	0.11	<0.01
ADF（%DM）	27.6	26.4	0.13	<0.01
淀粉（%DM）	28.1	28.6	0.24	<0.01
EE（%DM）	3.9	4.1	0.01	<0.01
Ash（%DM）	6.4	6.0	0.04	<0.01
pH值	3.9	3.8	0.01	<0.01
氨（%DM）	0.8	0.9	0.01	<0.01
乳酸（%DM）	4.5	4.6	0.03	0.01
乙酸（%DM）	2.5	2.1	0.03	<0.01
乳酸乙酸比	2.2	3.0	0.07	<0.01
泌乳净能（Mcal/kg）	1.5	1.5	0.01	<0.01
维持净能（Mcal/kg）	1.7	1.7	0.01	<0.01
增重净能（Mcal/kg）	1.1	1.1	0.01	<0.01
CSQS（分）	61.1	64.9	0.30	<0.01

4.不同干物质含量全株玉米青贮质量指标变化状况

全株玉米青贮质量与DM含量密切相关。随着DM含量增加，CP、30h dNDF、乙酸含量逐渐降低，淀粉含量逐渐提高（图3-12、图3-13）。当DM在32.5%~35.0%时，全株玉米青贮质量状况最理想，CSQS最高，达到70.3分（图3-14）。

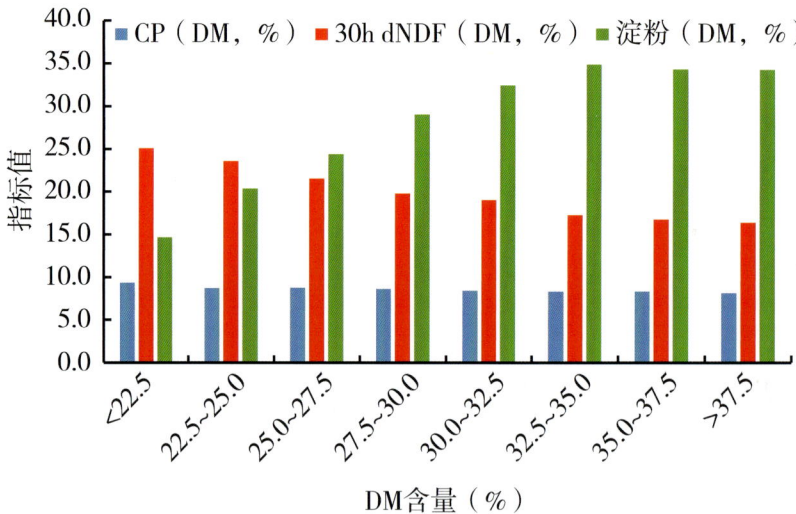

图3-12 不同干物质含量全株玉米青贮CP、30h dNDF、淀粉变化情况

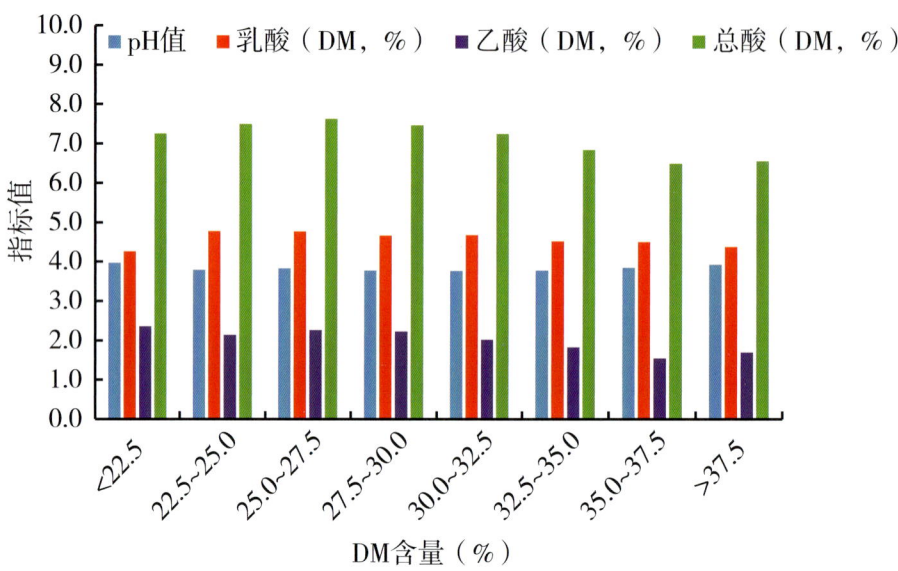

图3-13 不同干物质含量全株玉米青贮pH值、总酸、乳酸、乙酸变化情况

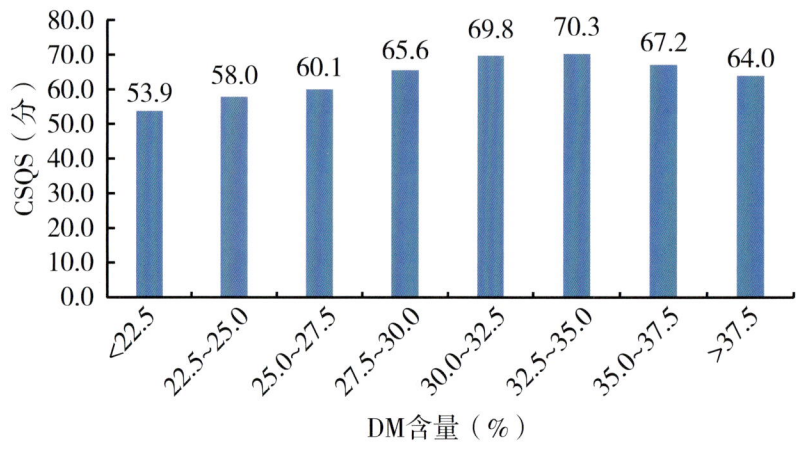

图3-14 不同干物质含量CSQS变化情况

三、全株玉米青贮质量现状

（二）不同种植区域全株玉米青贮质量状况

2019—2020年CSQS评价结果表明，各区域全株玉米青贮质量均有所提高，奶业主产区的全株玉米青贮质量整体高于其他地区。从不同种植区域看，受气候地理环境、土地种植条件和收获加工生产技术成熟度等条件制约，黄淮海地区、西北地区、东北地区等奶业主产区全株玉米青贮质量显著高于华南地区和西南地区。从评价指标看，黄淮海地区、西北地区、东北地区等奶业主产区全株玉米青贮DM、淀粉、乳酸含量显著高于西南地区和华南地区，NDF、ADF含量显著低于西南地区和华南地区。由于西南地区和华南地区地形复杂，养殖规模化程度和青贮调制水平低，且收获时对含水量把控不准和大型收割机械使用率低，全株玉米青贮质量明显偏低。不同种植区域玉米青贮质量由高到低依次是黄淮海地区（68.4分）、长江中下游地区（66.4分）、西北地区（64.1分）、东北地区（61.9分）、华南地区（58.2分）、西南地区（49.2分）（表3-3）。

表3-3 不同种植区域全株玉米青贮质量比较

项目	黄淮海地区[1]	长江中下游地区[2]	西北地区[3]	东北地区[4]	西南地区[5]	华南地区[6]	SEM	*P*值
DM（%）	30.4^b	34.2^a	28.4^{bc}	28.9^{bc}	27.1^c	25.1^d	0.16	<0.01
CP（%DM）	8.6^{bc}	8.5^c	8.7^{bc}	8.4	9.0^a	10.2	0.02	<0.01
NDF（%DM）	39.5^c	35.8^c	44.9^{ab}	43.6^b	47.9^a	48.5^a	0.26	<0.01
30h NDFD（%DM）	62.0^a	57.0^c	61.6^{ab}	59.2^{bc}	60.8^{ab}	53.9^d	0.17	<0.01
30h dNDF（%DM）	19.2^b	15.4^c	21.4^{ab}	19.4^b	22.2^a	19.7^b	0.14	<0.01
ADF（%DM）	24.6^e	22.2^{de}	27.8^{bc}	27.0^{cd}	29.7^{ab}	31.8^a	0.17	<0.01
淀粉（%DM）	31.1^a	35.9^{ab}	26.3^{bc}	28.8^b	21.7^{cd}	16.9^d	0.31	<0.01
EE（%DM）	4.3^a	3.8^{bc}	4.0^{ab}	4.0^{ab}	3.9^{bc}	3.6^c	0.02	<0.01
Ash（%DM）	5.8^b	6.3^b	6.3^b	5.8^b	6.4^b	9.27^a	0.04	<0.01
pH值	3.8^{ab}	3.7^b	3.8^{ab}	3.8^{ab}	3.9^a	3.8^{ab}	0.01	<0.01

（续表）

项目	黄淮海地区[1]	长江中下游地区[2]	西北地区[3]	东北地区[4]	西南地区[5]	华南地区[6]	SEM	P值
氨（%DM）	1.0[a]	0.8[b]	0.9[ab]	0.8[b]	0.9[ab]	0.9[ab]	0.01	<0.01
乳酸（%DM）	4.5[b]	4.6[ab]	4.8[a]	4.7[a]	4.5[b]	4.4[b]	0.04	0.02
乙酸（%DM）	2.3[a]	1.8[ab]	2.0[ab]	1.6[b]	2.3[a]	1.9[ab]	0.03	<0.01
乳酸乙酸比	2.4[b]	3.5[ab]	3.2[ab]	3.6[ab]	2.5[b]	4.0[a]	0.11	<0.01
泌乳净能（Mcal/kg）	1.5[b]	1.6[a]	1.5[b]	1.5[b]	1.4[c]	1.3[d]	0.01	<0.01
维持净能（Mcal/kg）	1.8[a]	1.7[b]	1.7[b]	1.7[b]	1.6[c]	1.4[d]	0.01	<0.01
增重净能（Mcal/kg）	1.1[a]	1.1[a]	1.1[a]	1.1[a]	1.0[b]	0.8[c]	0.01	<0.01
全株玉米青贮质量分级指数CSQS（分）								
2019年	65.0[a]	63.3[ab]	62.3[ab]	56.6[bc]	53.9[c]	54.8[c]	0.52	<0.01
2020年	68.4[a]	66.4[ab]	64.1[abc]	61.9[bc]	58.2[c]	49.2[d]	0.38	<0.01

注：同行数据肩标相同字母表示差异不显著，不同字母表示差异显著，下同。
[1]黄淮海地区：山东、河北、河南；
[2]长江中下游地区：安徽；
[3]西北地区：陕西、山西、青海、甘肃、新疆、宁夏、内蒙古西部；
[4]东北地区：黑龙江、吉林、辽宁、内蒙古东部；
[5]西南地区：云南、贵州；
[6]华南地区：广西。

（三）不同省区全株玉米青贮质量状况

全国全株玉米青贮平均质量状况达到良好水平（图3-15），但各地区之间全株玉米青贮质量差异较为明显（图3-16），山东（71.1分）、陕西（71.0分）、河北（69.6分）、宁夏（69.5分）、内蒙古（68.0分）、安徽（66.4分）、辽宁（65.2分）7省区全株玉米青贮质量状况超过全国平均水平（64.0分）。

三、全株玉米青贮质量现状

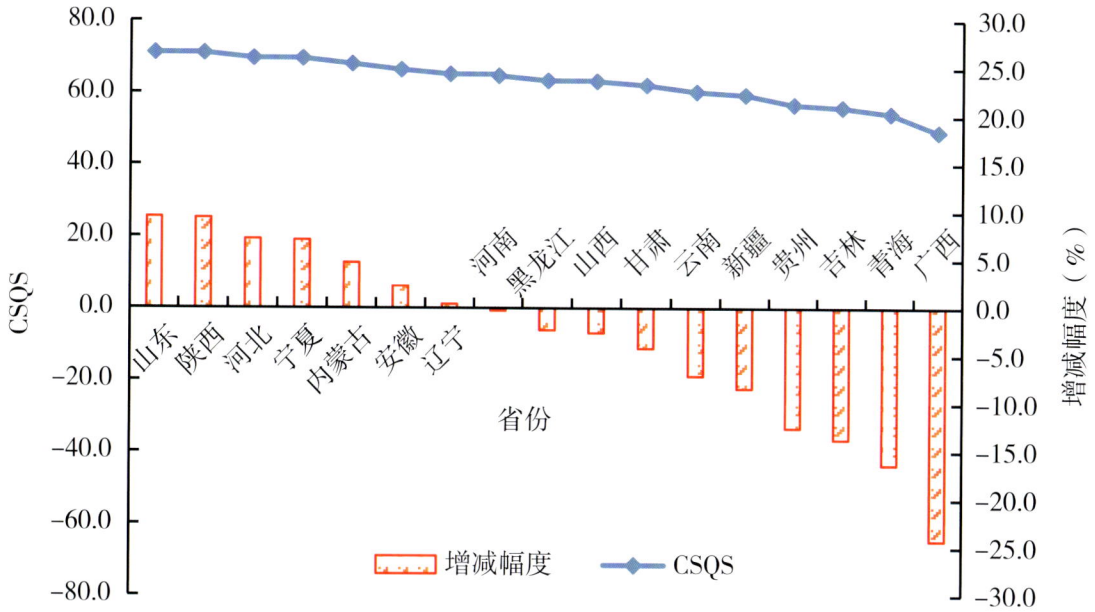

图3-15 不同省区全株玉米青贮CSQS与全国平均水平比较

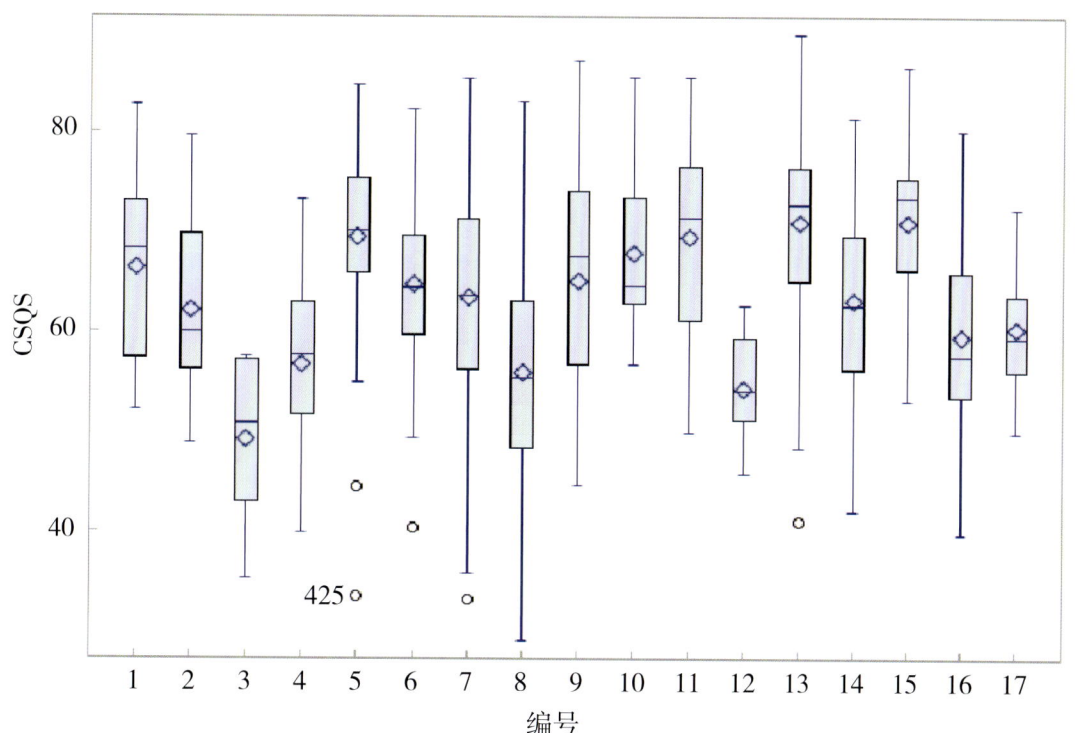

1. 安徽；2. 甘肃；3. 广西；4. 贵州；5. 河北；6. 河南；7. 黑龙江；8. 吉林；
9. 辽宁；10. 内蒙古；11. 宁夏；12. 青海；13. 山东；14. 山西；
15. 陕西；16. 新疆；17. 云南（下同）

图3-16 不同省区全株玉米青贮CSQS差异情况

1. 干物质

全株玉米青贮DM含量平均值为29.3%，各省区全株玉米青贮中DM含量差异明显（图3-17）。安徽、辽宁、山东、河北、河南、宁夏、新疆7省区DM含量高于全国平均水平，分别高出16.8%、9.7%、5.3%、4.6%、1.6%、1.4%、0.3%（图3-18）。

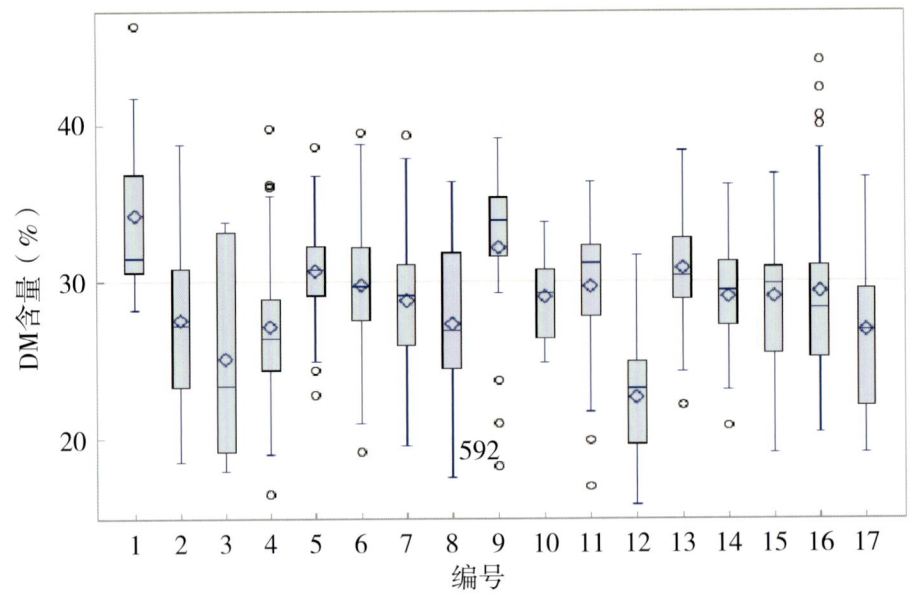

图3-17　不同省区全株玉米青贮DM含量差异情况

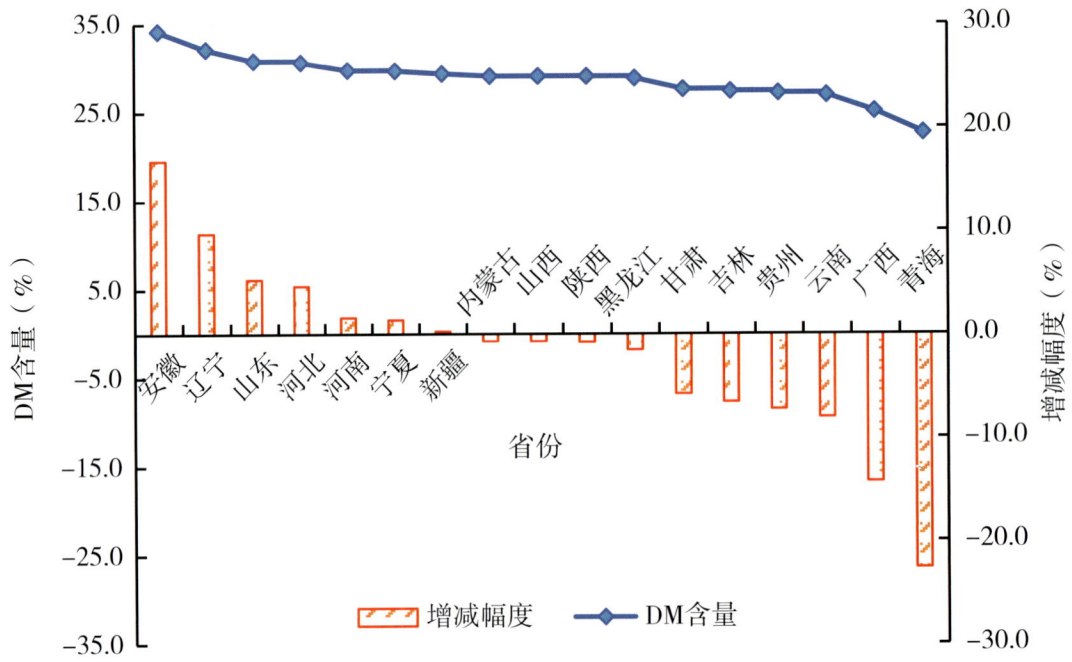

图3-18　不同省区全株玉米青贮DM含量与全国平均水平比较

2. 粗蛋白质

全国全株玉米青贮CP含量平均值为8.6%，各省区之间全株玉米青贮中CP含量差异明显（图3-19），广西、云南、贵州、青海、辽宁、新疆、山西、山东、河南9省区CP含量高于全国平均水平（图3-20）。

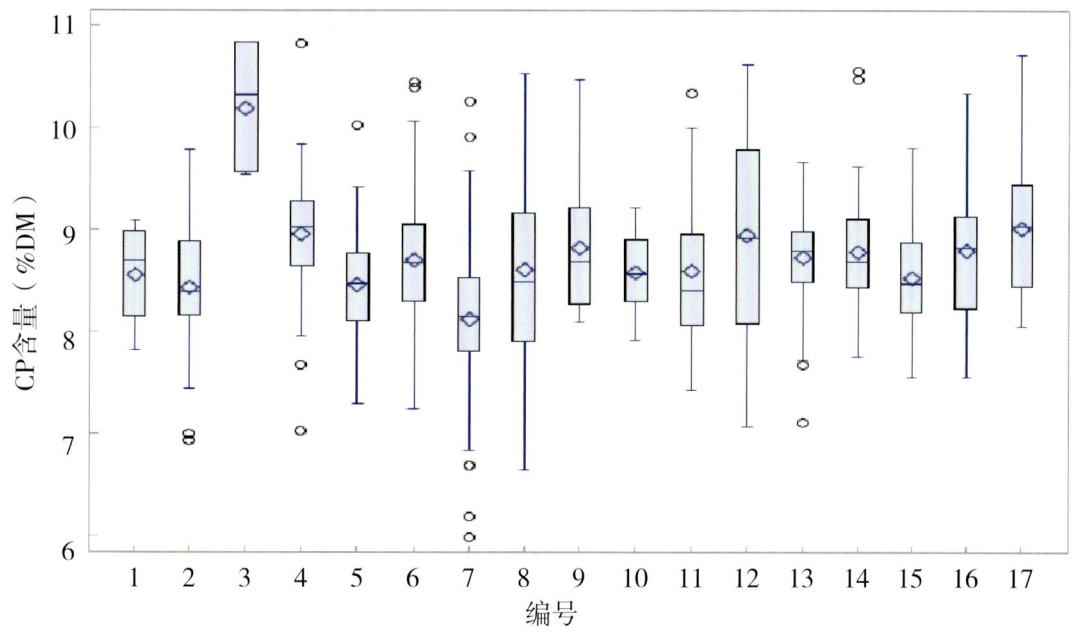

图3-19　不同省区全株玉米青贮CP含量差异情况

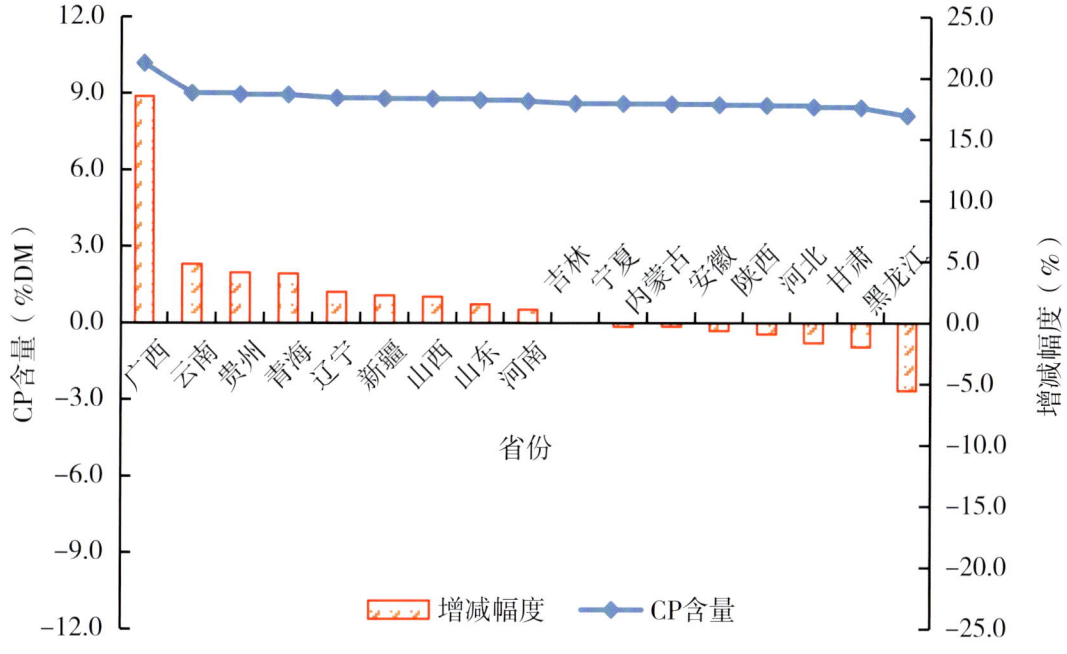

图3-20　不同省区全株玉米青贮CP含量与全国平均水平比较

3. 淀粉

全国全株玉米青贮淀粉含量平均值为28.6%，各省区之间全株玉米青贮中淀粉含量差异明显（图3-21），安徽、山东、陕西、河北、辽宁、黑龙江、宁夏、内蒙古8省区淀粉含量高于全国平均水平，分别高25.5%、17.1%、14.3%、12.4%、11.7%、2.5%、2.3%、2.0%（图3-22）。

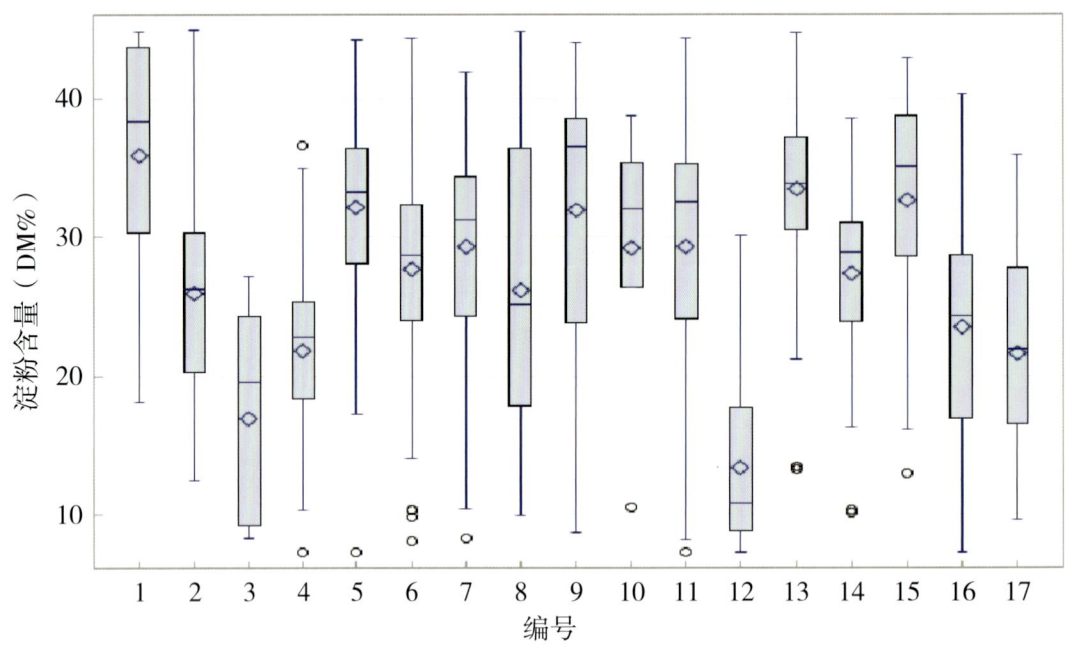

图3-21 不同省区全株玉米青贮淀粉含量差异情况

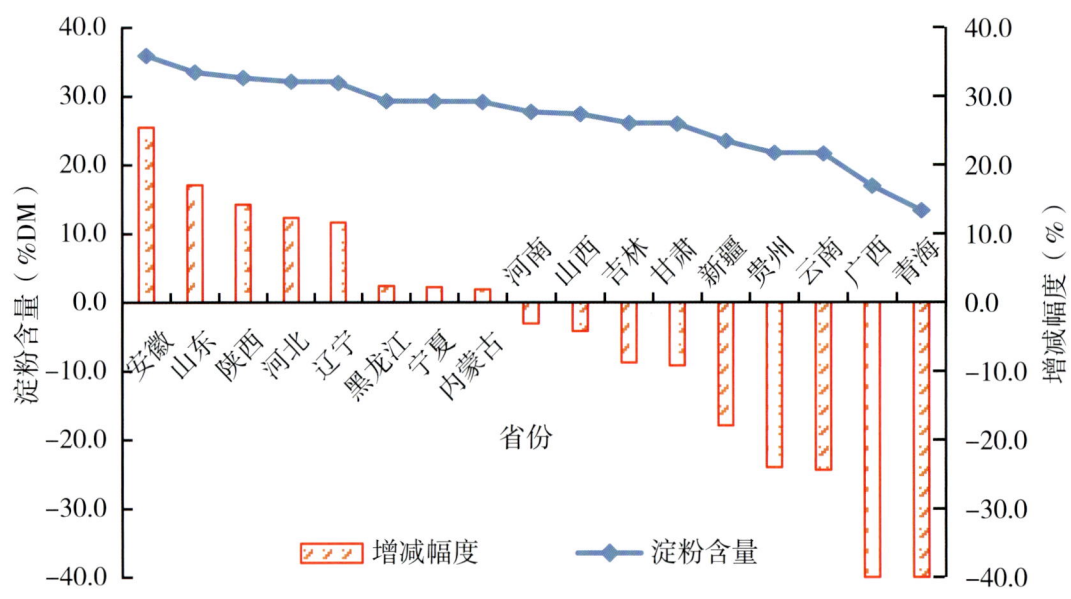

图3-22 不同省区全株玉米青贮淀粉含量与全国平均水平比较

4. 粗脂肪

全国全株玉米青贮EE含量平均值为4.1%，各省区之间全株玉米青贮中EE含量差异明显（图3-23），河北、陕西、山东、河南、宁夏5省区EE含量高于全国平均水平（图3-24）。

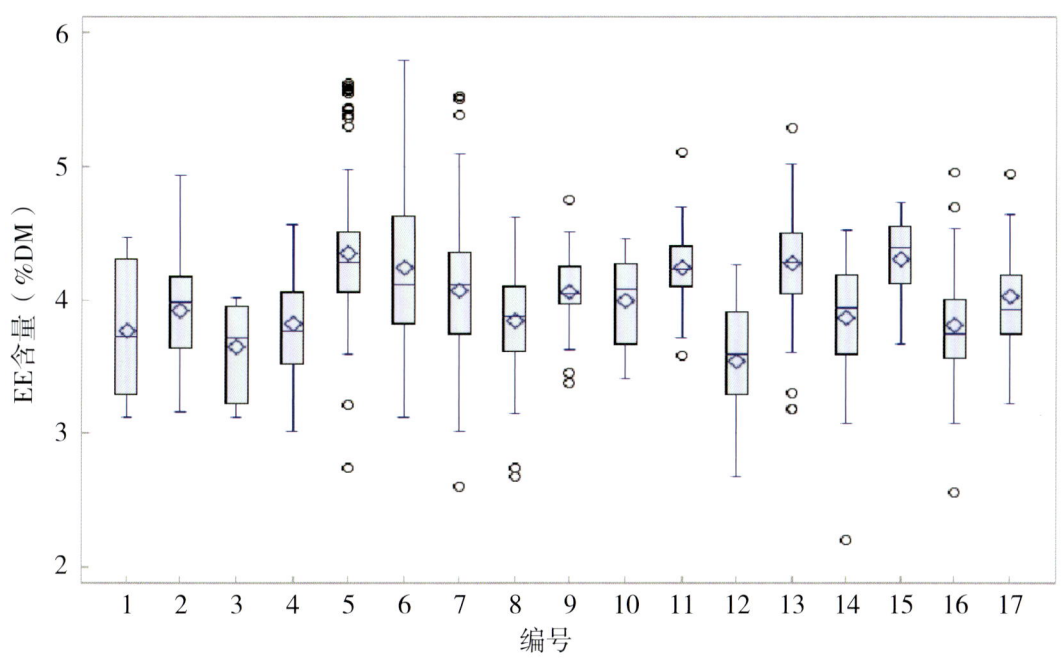

图3-23　不同省区全株玉米青贮EE含量差异情况

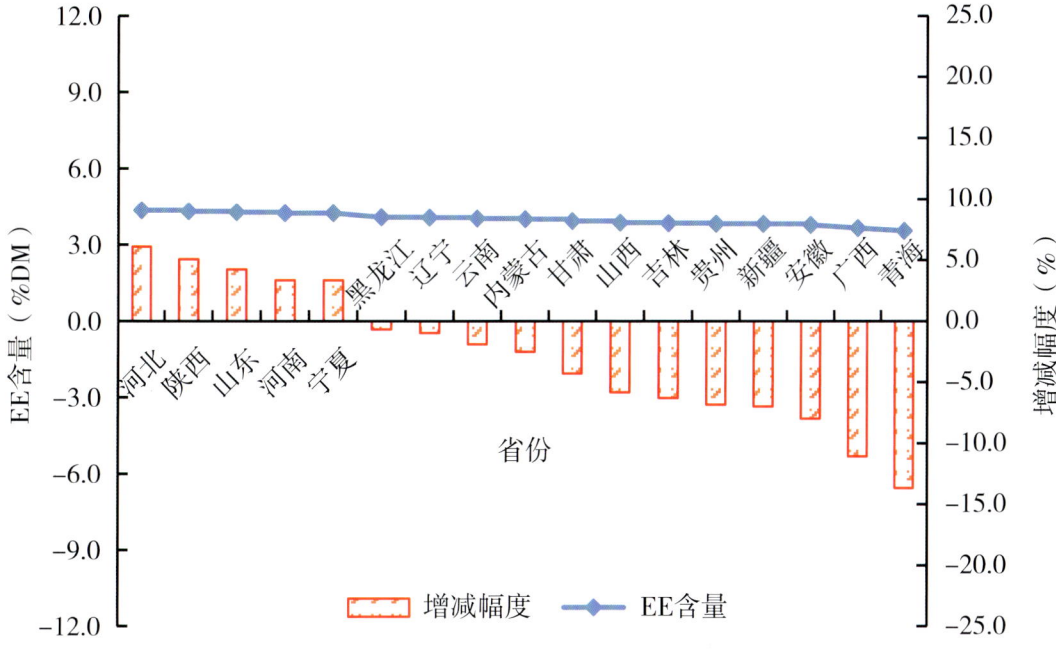

图3-24　不同省区全株玉米青贮EE含量与全国平均水平比较

5. 30h中性洗涤纤维消化率

全国全株玉米青贮30h NDFD含量平均值为61.0%，各省区之间全株玉米青贮中30h NDFD差异明显（图3-25）。河南、青海、陕西、河北、云南、宁夏、甘肃、山西8省区30h NDFD高于全国平均水平，分别高5.1%、4.8%、2.1%、1.6%、1.3%、0.8%、0.4%、0.3%（图3-26）。

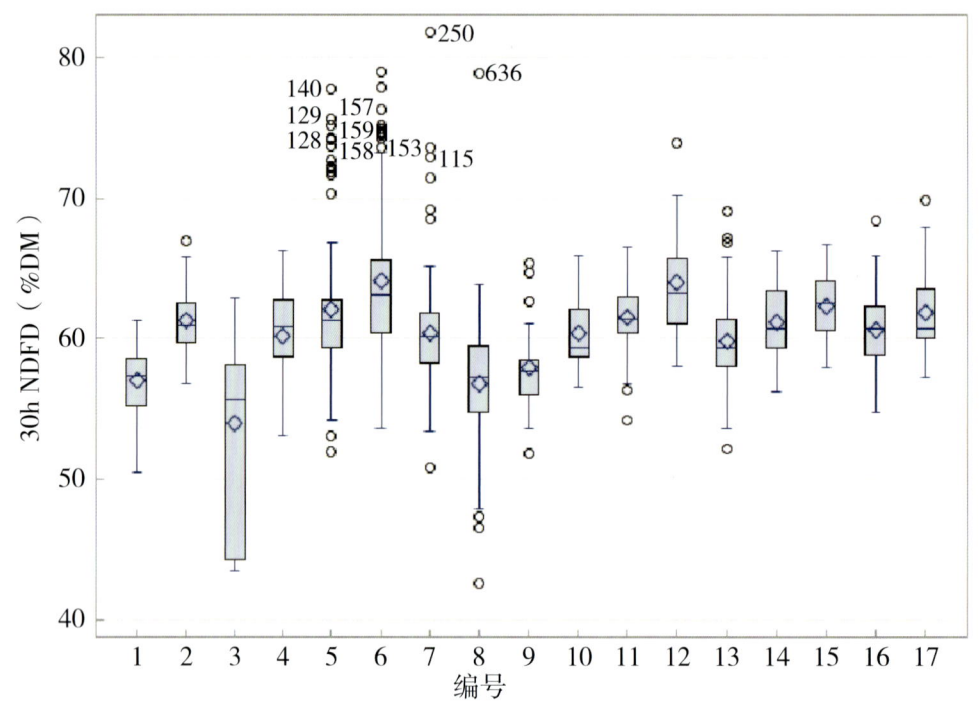

图3-25 不同省区全株玉米青贮30h NDFD差异情况

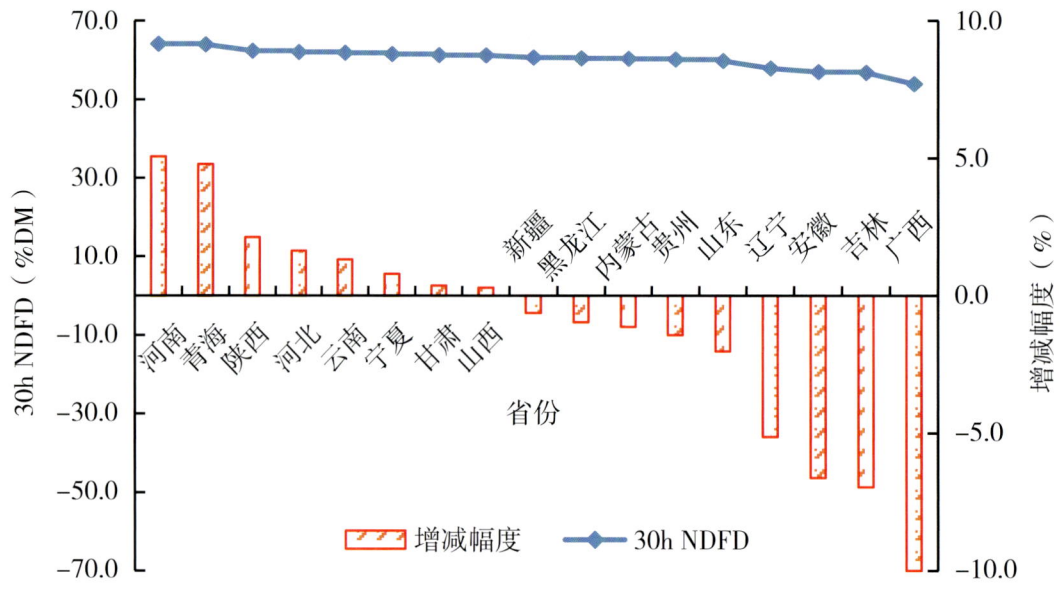

图3-26 不同省区全株玉米青贮30h NDFD与全国平均水平比较

6. 乳酸

全株玉米青贮乳酸含量平均值为4.6%，各省区之间全株玉米青贮乳酸含量差异明显（图3-27），内蒙古、甘肃、宁夏、黑龙江、山东、贵州、河北、新疆、青海9省区乳酸含量高于全国平均水平，分别高22.9%、18.0%、13.8%、7.7%、2.2%、1.7%、1.7%、1.1%、0.3%（图3-28）。

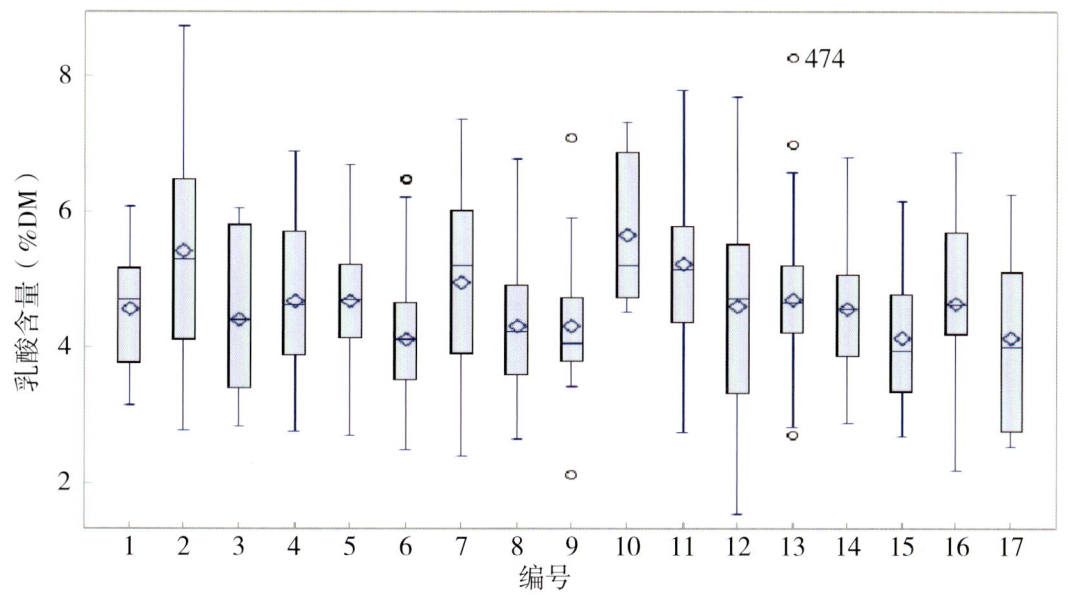

图3-27　不同省区全株玉米青贮乳酸含量差异情况

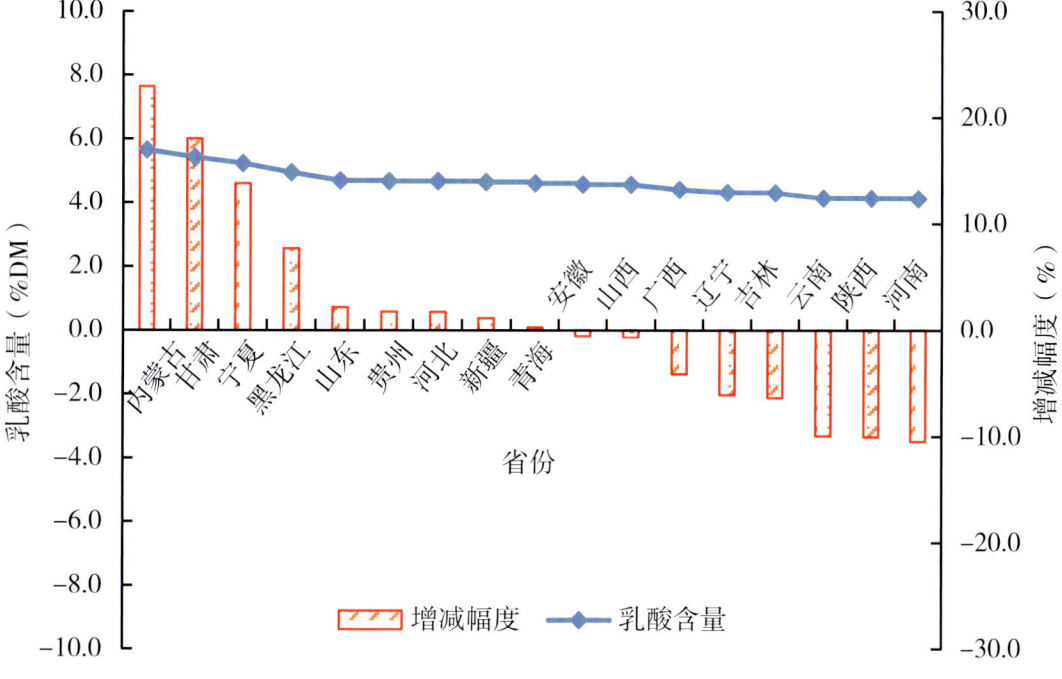

图3-28　不同省区全株玉米青贮乳酸含量与全国平均水平比较

7. 氨

全株玉米青贮氨含量平均值为0.9%，各省区之间全株玉米青贮氨含量差异明显（图3-29），青海、甘肃、安徽、吉林、内蒙古、贵州、黑龙江、广西、山西、新疆10省区氨含量低于全国平均水平，分别低29.1%、15.2%、13.1%、12.8%、8.0%、6.0%、3.2%、3.2%、1.5%、0.8%（图3-30）。

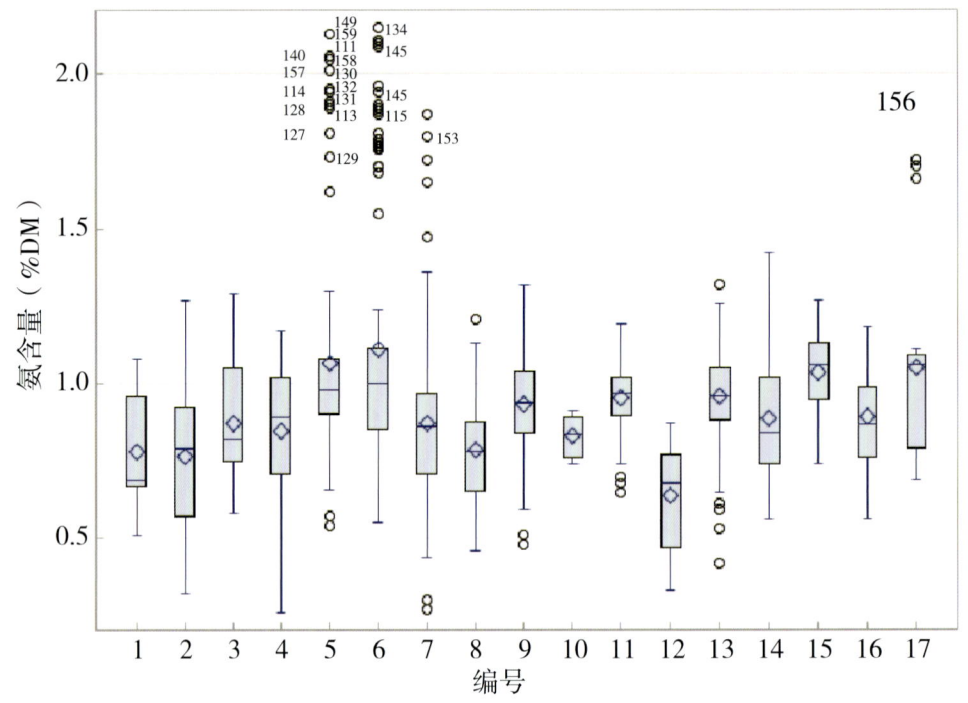

图3-29 不同省区全株玉米青贮氨含量差异情况

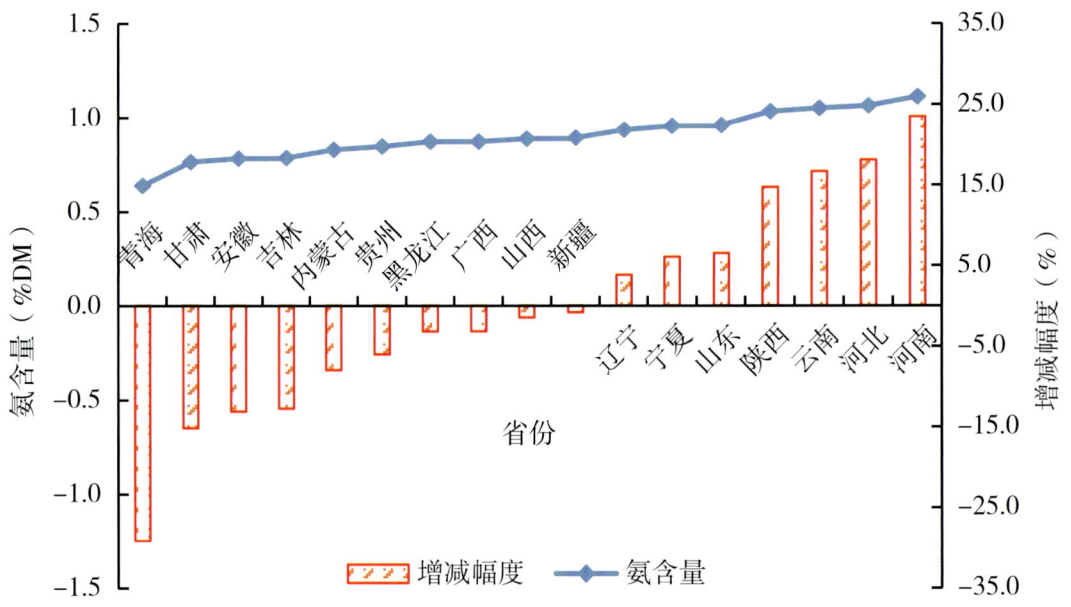

图3-30 不同省区全株玉米青贮氨含量与全国平均水平比较

三、全株玉米青贮质量现状

8. 中性洗涤纤维

全国全株玉米青贮NDF含量平均值为42.4%，各省区之间全株玉米青贮中NDF含量差异明显（图3-31），安徽、山东、河北、陕西、辽宁、河南、内蒙古7省区NDF含量低于全国平均水平，分别低15.7%、10.7%、7.0%、6.0%、5.9%、3.3%、1.7%（图3-32）。

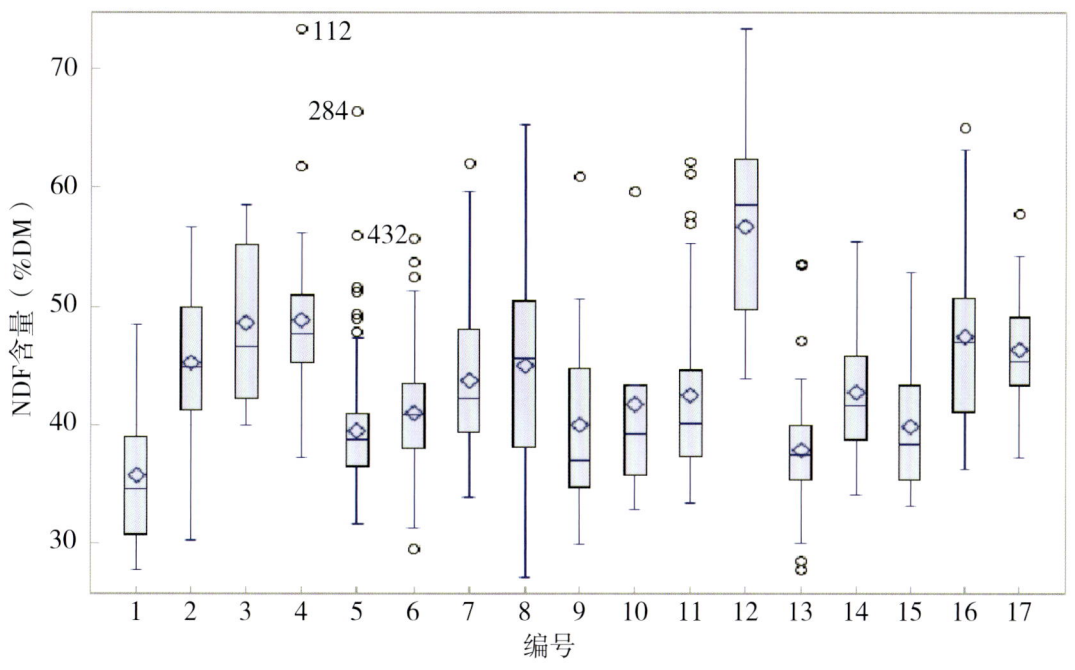

图3-31　不同省区全株玉米青贮NDF含量差异情况

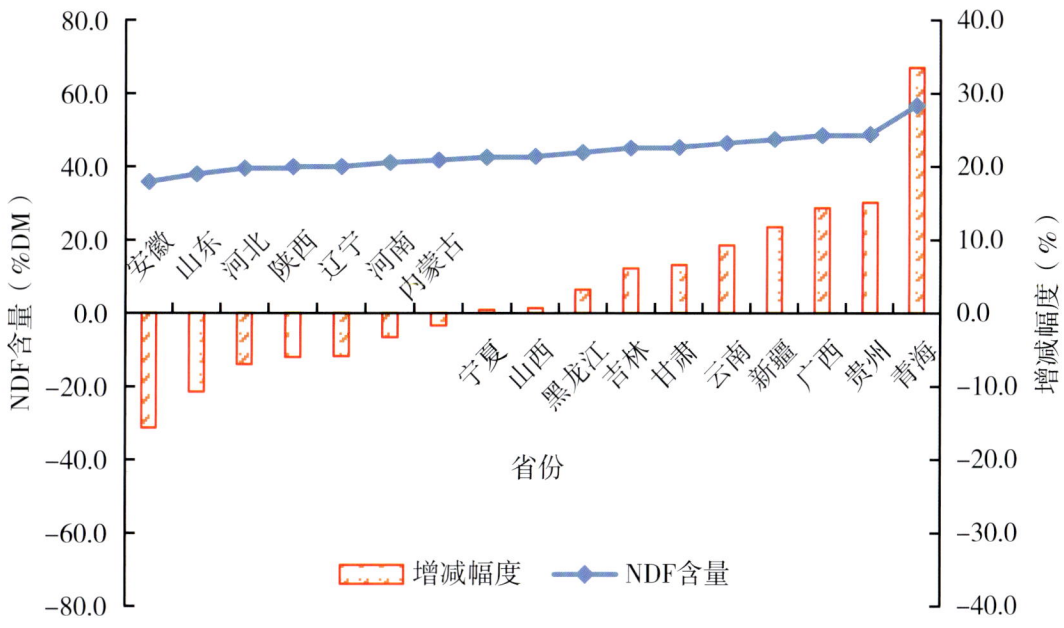

图3-32　不同省区全株玉米青贮NDF含量与全国平均水平比较

9. 灰分

全国全株玉米青贮Ash含量平均值为6.0%，各省区之间全株玉米青贮Ash含量差异明显（图3-33），黑龙江、陕西、河北、云南、内蒙古、山东、宁夏、河南、辽宁9省区Ash含量低于全国平均水平，分别低10.4%、5.2%、5.1%、3.8%、3.3%、2.8%、0.5%、0.2%、0.2%（图3-34）。

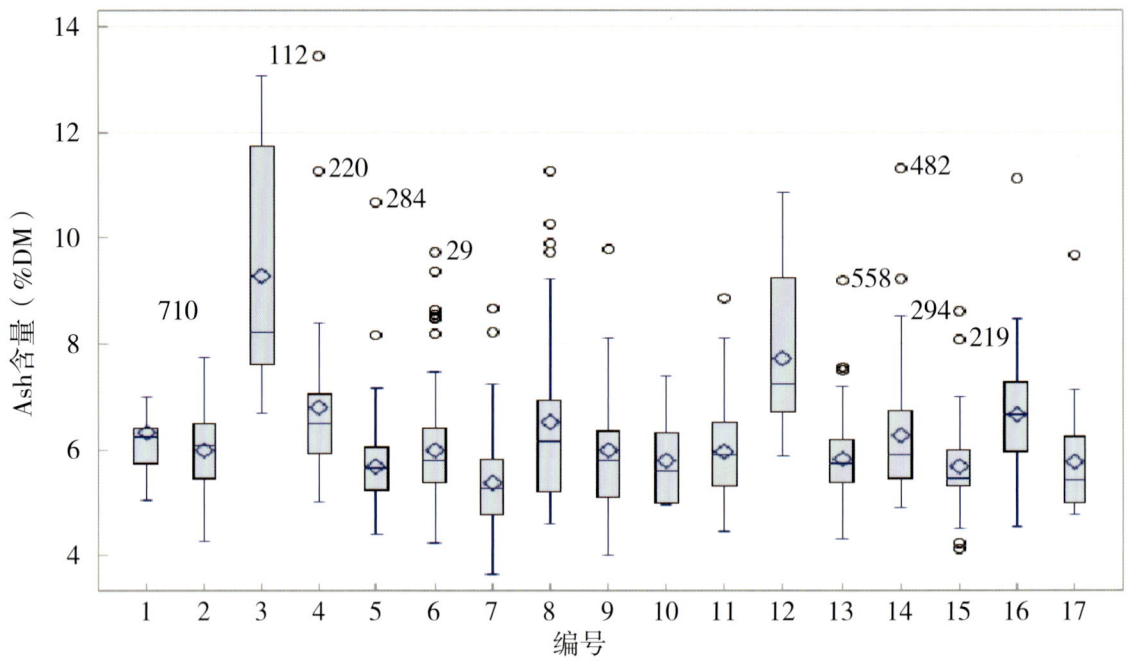

图3-33 不同省区全株玉米青贮Ash含量差异情况

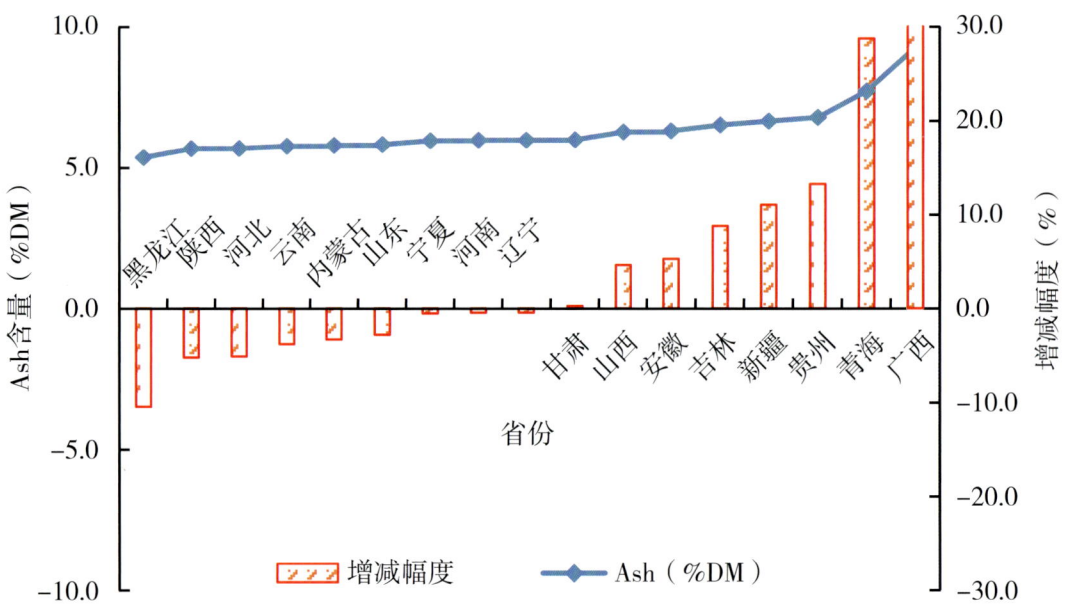

图3-34 不同省区全株玉米青贮Ash含量与全国平均水平比较

10. pH值

全国全株玉米青贮pH值平均值为3.8，各省区之间全株玉米青贮pH值差异明显（图3-35），内蒙古、甘肃、宁夏、安徽、黑龙江、山东、河北、河南8省区pH值低于全国平均水平，分别低4.6%、2.5%、2.0%、1.6%、1.0%、0.7%、0.4%、0.2%（图3-36）。

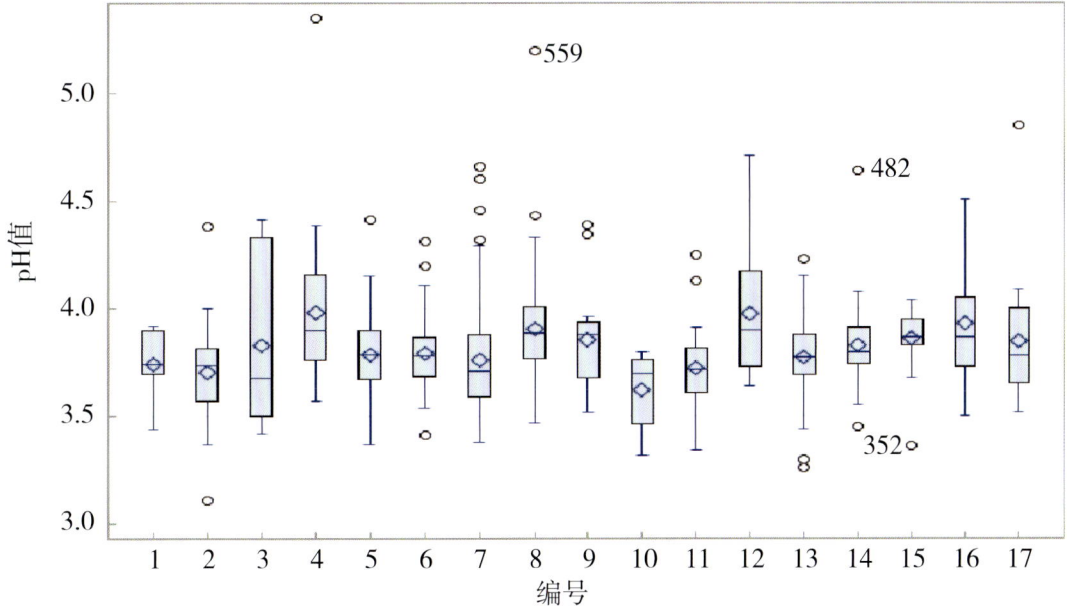

图3-35 不同省区全株玉米青贮pH值差异情况

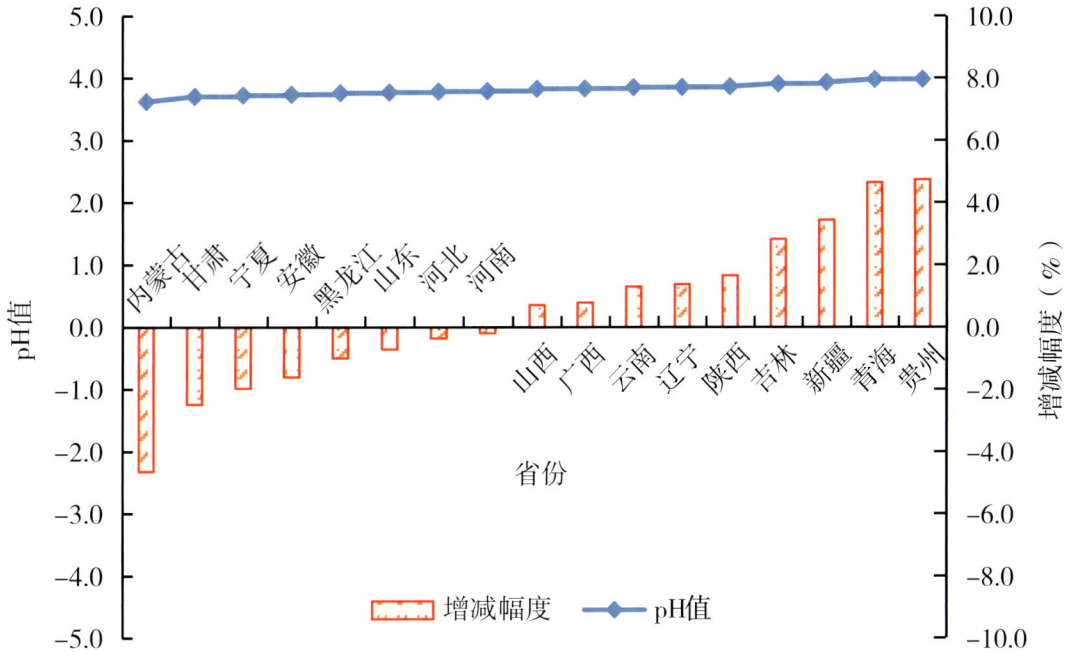

图3-36 不同省区全株玉米青贮pH值与全国平均水平比较

11. 乙酸

全国全株玉米青贮乙酸含量平均值为2.1%，各省区之间全株玉米青贮乙酸含量差异明显（图3-37），吉林、黑龙江、内蒙古、甘肃、安徽、广西、山西、宁夏、辽宁、新疆10省区乙酸含量低于全国平均水平，分别低24.6%、24.3%、20.4%、19.2%、12.3%、10.0%、9.7%、4.7%、2.9%、0.9%（图3-38）。

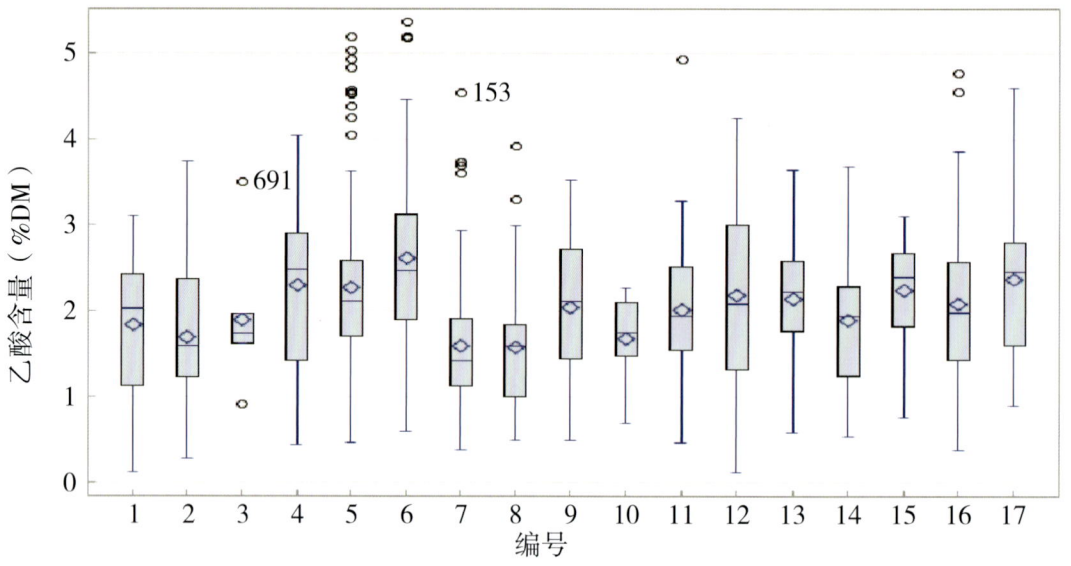

图3-37　不同省区全株玉米青贮乙酸含量差异情况

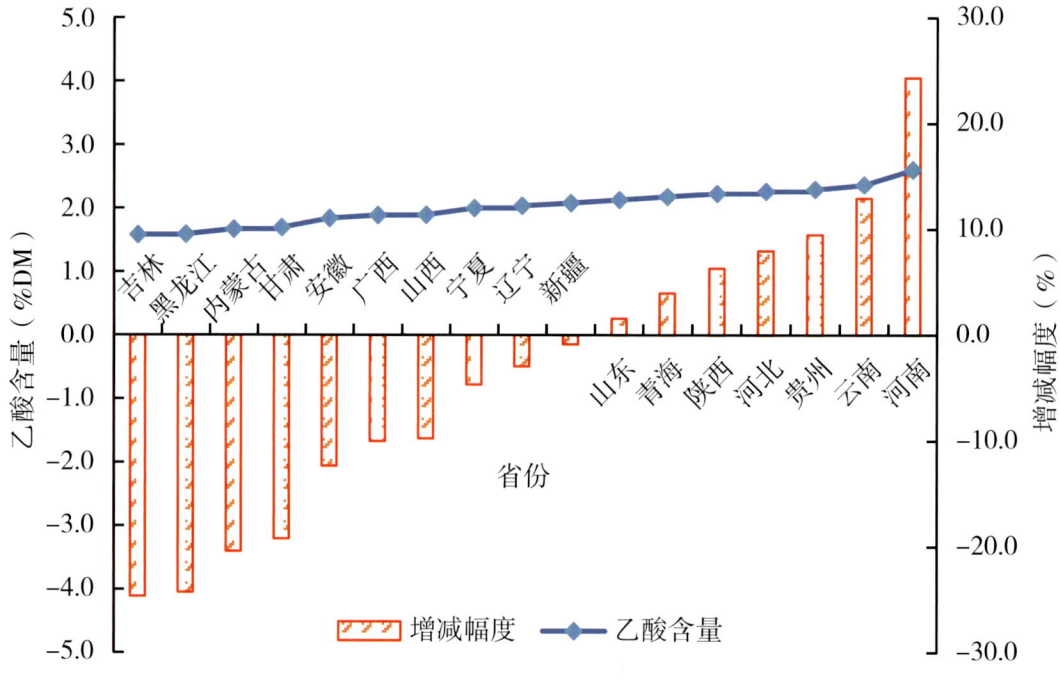

图3-38　不同省区全株玉米青贮乙酸含量与全国平均水平比较

三、全株玉米青贮质量现状

（四）不同规模牧场全株玉米青贮质量状况

从评价结果看，牧场规模化程度越高，全株玉米青贮质量越好，主要是由于规模化牧场收割时对含水量和淀粉含量等控制比小规模牧场好，随着奶牛养殖规模的增加，其大型收割机械使用率、青贮调制技术和管理水平提高。与2019年同期相比，奶牛规模化养殖企业全株玉米青贮质量均有明显提升（表3-4）。

表3-4 不同规模奶牛场全株玉米青贮质量比较

项目	500头以下	500～1 000头	1 000～3 000头	3 000～5 000头	5 000头以上	SEM	P值
DM（%）	30.1	30.5	30.9	30	31.5	0.18	0.17
CP（%DM）	8.6	8.5	8.4	8.5	8.5	0.02	0.18
NDF（%DM）	40.4	40.6	40.1	40.7	38.8	0.27	0.37
30h NDFD（%DM）	61.1	61.3	60.7	61.5	60.9	0.20	0.15
30h dNDF（%DM）	19.6	19.3	18.7	19.4	18.3	0.16	0.07
ADF（%DM）	25.2	25.3	24.8	25.3	24.1	0.18	0.94
淀粉（%DM）	28.4	29.0	30.4	29.4	31.0	0.34	0.11
EE（%DM）	4.2	4.2	4.3	4.3	4.3	0.02	0.76
Ash（%DM）	5.9^a	5.6^{ab}	5.5^b	5.6^{ab}	5.6^{ab}	0.04	<0.01
pH值	3.8^a	3.8^a	3.7^b	3.7^b	3.7^b	0.01	<0.01
氨（%DM）	1.0	1.0	1.0	1.0	1.0	0.01	0.94
乳酸（%DM）	4.5^b	4.7^b	4.8^b	4.8^b	5.2^a	0.05	<0.01
乙酸（%DM）	2.2	2.1	2.0	2.1	2.0	0.04	0.46
乳酸乙酸比	2.7	3.0	2.9	3.0	3.1	0.12	0.81
泌乳净能（Mcal/kg）	1.5	1.5	1.5	1.5	1.5	0.01	0.51
维持净能（Mcal/kg）	1.8	1.8	1.8	1.7	1.8	0.01	0.91
增重净能（Mcal/kg）	1.1	1.1	1.1	1.1	1.1	0.01	0.89

(续表)

项目	500头以下	500~1 000头	1 000~3 000头	3 000~5 000头	5 000头以上	SEM	P值
全株玉米青贮质量分级指数CSQS（分）							
2019年	61.4[a]	63.1[a]	64.0[a]	64.9[a]	66.4[a]	0.63	0.22
2020年	66.8[b]	68.0[b]	69.3[ab]	70.3[ab]	72.2[a]	0.45	0.01

（五）不同养殖畜种全株玉米青贮质量状况

从评价结果看，奶牛养殖企业的全株玉米青贮质量状况（CSQS分级指数为68.9分）显著高于肉牛和肉羊养殖企业（肉牛60.6分、肉羊61.1分）；肉牛和肉羊养殖企业的全株玉米青贮质量比2019年同期有显著提升，分别提升4.1%和9.1%。从评价指标看，奶牛养殖企业全株玉米青贮中DM、淀粉、EE、乳酸含量显著高于肉牛和肉羊养殖企业，NDF、ADF、pH值显著低于肉牛和肉羊养殖企业（表3-5）。主要原因是与产业成熟度、养殖规模化程度，以及对全株玉米青贮的认知和需求匹配度有关。

表3-5 不同畜种全株玉米青贮质量比较

项目	奶牛	肉牛	肉羊	SEM	P值
DM（%）	30.7[a]	27.8[b]	28.3[b]	0.17	<0.01
CP（%DM）	8.6[b]	9.0[b]	9.0[b]	0.03	<0.01
NDF（%DM）	40.1[b]	45.0[a]	44.2[b]	0.27	<0.01
30h NDFD（%DM）	61.3	60.6	61.1	0.18	0.15
30h dNDF（%DM）	19.1[b]	20.9[a]	21.2[a]	0.16	<0.01
ADF（%DM）	24.9[b]	28.1[a]	27.5[a]	0.18	<0.01
淀粉（%DM）	31.6[a]	25.2[b]	25.8[b]	0.33	<0.01
EE（%DM）	4.2[a]	4.0[b]	3.9[b]	0.02	<0.01
Ash（%DM）	5.6[b]	6.5[a]	6.4[a]	0.05	<0.01

三、全株玉米青贮质量现状

（续表）

项目	奶牛	肉牛	肉羊	SEM	*P*值
pH值	3.8[b]	3.9[a]	3.9[a]	0.01	<0.01
氨（%DM）	1.0[a]	0.9[b]	0.9[b]	0.01	<0.01
乳酸（%DM）	4.7	4.6	4.5	0.04	0.08
乙酸（%DM）	2.1	2.1	2.0	0.04	0.66
乳酸乙酸比	2.9[b]	2.9[b]	4.1[a]	0.1	0.03
泌乳净能（Mcal/kg）	1.5[a]	1.4[b]	1.4[b]	0.01	<0.01
维持净能（Mcal/kg）	1.8[a]	1.7[b]	1.7[b]	0.01	<0.01
增重净能（Mcal/kg）	1.1[a]	1.0[b]	1.0[b]	0.01	<0.01
全株玉米青贮质量分级指数CSQS（分）					
2019年	63.7[a]	58.2[b]	56.0[b]	0.52	<0.01
2020年	68.9[a]	60.6[b]	61.1[b]	1.44	<0.01

（六）存在问题

随着GEAF计划实施，粮改饲试点地区全株玉米青贮质量有了很大提升，但也存在以下一些问题。

1. 种植户和养殖户仍存在脱节现象

缺乏科学有效的全株玉米青贮质量分级标准，种植户重视收贮"量"而轻"质量"，养殖户难以做到青贮饲料优质优价，青贮原料质量参差不齐，青贮饲料的品质价值无法得到充分体现。

2. 高效率作业机械设备不足

青贮饲草料收贮量大、作业时间集中，机械化要求高。国产中小型机械效率低、揉搓破壁效果差，影响收获进度和青贮品质；进口大型收获机械籽实破碎度好，收割效率高，但价格高、补贴少，部分产品未列入农机购置补贴名录。云南、贵州、广西和青海等省区丘陵山区田块细碎、高低不平，机耕道路缺乏，收贮机械"下田难"和"作业难"，加之青贮饲料破碎度要求高，收贮季节易出现"无机可用"现象。

3. 青贮制作不规范

很多牧场在种、收、贮、用等技术环节仍存在很多问题，如品种选择不合理、收获时机把握不准、切割长度和留茬高度不合理、压实密度不够等，造成质量参差不齐，利用效率不高，特别是肉牛场、羊场这一问题尤为突出。

4. 人员技能水平仍存在较大差异

目前，大、中型规模化牧场在青贮制作过程中技术水平较高，青贮制作人员能够系统掌握青贮制作要点，兼顾到各个环节，青贮品质比较稳定。小规模牧场及养殖户青贮制作缺乏专业青贮技术人员，无法准确把握收获时期，青贮制作不规范，青贮质量难以保证。

（七）建议

1. 全面实施全株玉米青贮质量分级体系

加快实施全株玉米青贮质量分级标准，促进养殖企业与专业种植公司（合作社）形成优质优价为基础的种养一体化融合，提升青贮饲料质量水平。

2. 提升国产青贮设备研发力度

针对不同区域、不同生产环节的需求，加强青贮饲料收贮设备自主研发与推广，提高我国青贮产业总体的机械化生产水平。重点开展适宜我国丘陵山区优质饲草收获、加工机械的研发和推广应用，满足优质青贮饲料标准化生产需求，并快速提升这些区域优质饲草生产的轻简化水平。

3. 加大技术培训力度

针对不同规模、不同水平牧场的实际问题，开展针对性培训，重点围绕收获时期把握、加工调制、质量评价、贮后管理等技术环节，提高一线技术人员的技术能力。同时，摸索出适宜当地的青贮生产模式，提升区域全株玉米青贮质量水平。

4. 搭建全国青贮饲料科技创新中心

组建一支涵盖种植、调制、评价、利用等环节产学研用一体化的青贮饲料科技创新中心，联合攻克青贮关键技术难题，制定优质青贮饲料标准化调制技术规范，培训实用化技术人才，普及青贮饲料应用知识，实现种收贮用有机衔接。

四、全株玉米青贮安全现状

（一）全株玉米青贮安全概况

2020年，对全国14个省区200个奶牛场的全株玉米青贮进行霉菌毒素抽检。全株玉米青贮中霉菌毒素未出现超标现象，检出值均低于国家标准限量值。跟踪评价样品中，赭曲霉毒素A、T-2毒素未检出，而黄曲霉毒素B_1、玉米赤霉烯酮、呕吐毒素、伏马毒素B_1含量平均值分别为0.13μg/kg、82.8μg/kg、636.8μg/kg、397.2μg/kg，最大值分别为3.8μg/kg、600.1μg/kg、2 545.3μg/kg、397.2μg/kg，检出率分别为5.0%、64.0%、33.5%、53.0%（表4-1），其中黄曲霉毒素B_1、玉米赤霉烯酮、呕吐毒素检出率比2019年分别降低了34.5个百分点、7.5个百分点和3.0个百分点（图4-1）。

表4-1 中国全株玉米青贮霉菌毒素检测情况

	平均值（μg/kg）	最大值（μg/kg）	最小值（μg/kg）	检测限（μg/kg）	检出率（%）	国家限量标准[1]（μg/kg）	超标率（%）
黄曲霉毒素B_1	0.13	3.8	0	2.3	5.0	30.0	0
玉米赤霉烯酮	82.8	600.1	0	59.1	64.0	1 000.0	0
呕吐毒素	636.8	2 545.3	0	740.0	33.5	5 000.0	0
伏马毒素B_1	101.7	397.2	0	100.0	53.0	60 000.0	0
赭曲霉毒素A	0	0	0	5.0	0	100.0	0
T-2毒素	0	0	0	5.0	0	500.0	0

注：[1]国家限量标准：参照GB 13078—2017饲料卫生标准。

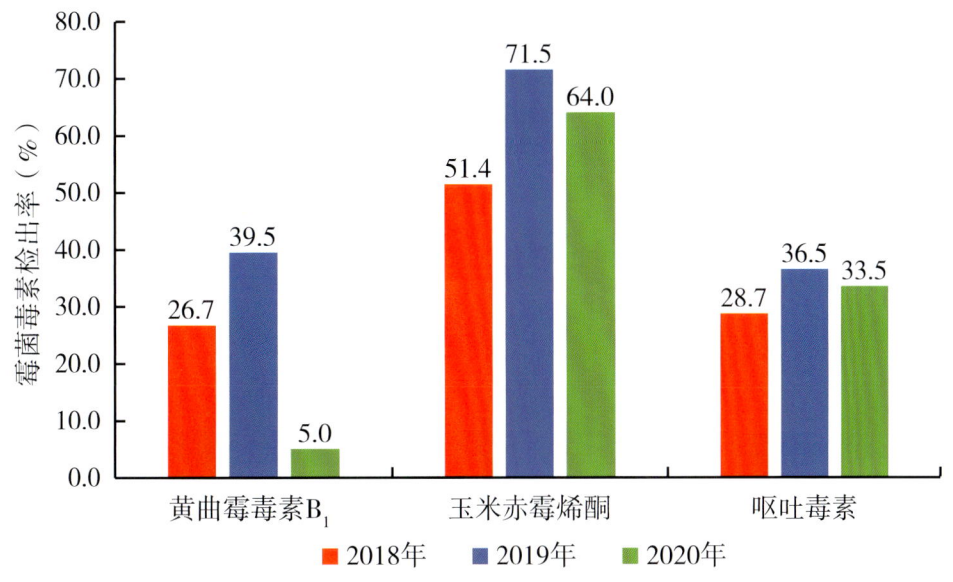

图4-1 2018—2020年中国全株玉米青贮霉菌毒素检测情况

（二）不同省区奶牛场全株玉米青贮安全现状

1. 黄曲霉毒素B_1

全株玉米青贮中黄曲霉毒素B_1含量平均值、最大值均远低于国家限量标准，其中河北、黑龙江、山东、河南、陕西5省区检出黄曲霉毒素B_1，检出率均低于20%，其他省区未检出黄曲霉毒素B_1（表4-2），但对于各省区全株玉米青贮中黄曲霉毒素B_1仍需监测。

表4-2 不同省区黄曲霉毒素B_1检测情况

省区	平均值（μg/kg）	最小值（μg/kg）	最大值（μg/kg）	检出率（%）	超标率（%）
河北	0.2	0	3.1	5.7	0
山西	0	0	0	0	0
辽宁	0	0	0	0	0
吉林	0	0	0	0	0
黑龙江	0.2	0	3.8	5.9	0
安徽	0	0	0	0	0

(续表)

省区	平均值（μg/kg）	最小值（μg/kg）	最大值（μg/kg）	检出率（%）	超标率（%）
山东	0.1	0	2.1	2.8	0
河南	0.3	0	3.2	11.5	0
云南	0	0	0	0	0
陕西	0.4	0	2.2	18.2	0
甘肃	0	0	0	0	0
青海	0	0	0	0	0
宁夏	0	0	0	0	0
新疆	0	0	0	0	0

2. 玉米赤霉烯酮

全株玉米青贮中玉米赤霉烯酮含量平均值、最大值均低于国家限量标准，河北、山西、辽宁、吉林、黑龙江、山东、河南、云南、陕西、青海、宁夏、新疆12个省区玉米赤霉烯酮检出率高于50%，其中吉林、云南2省全株玉米青贮中玉米赤霉烯酮检出率达到100%（表4-3），需重点加强对各省区全株玉米青贮中玉米赤霉烯酮的监测。

表4-3　不同省区玉米赤霉烯酮检测情况

省区	平均值（μg/kg）	最小值（μg/kg）	最大值（μg/kg）	检出率（%）	超标率（%）
河北	85.3	0	320.5	77.1	0
山西	54.8	0	146.3	58.3	0
辽宁	133.3	0	600.1	62.5	0
吉林	104.2	77.9	139.1	100	0
黑龙江	56.2	0	219.1	55.9	0
安徽	0	0	0	0	0
山东	106.8	0	288.7	88.9	0
河南	103.6	0	325.9	80.8	0

四、全株玉米青贮安全现状

（续表）

省区	平均值（μg/kg）	最小值（μg/kg）	最大值（μg/kg）	检出率（%）	超标率（%）
云南	88.8	87.0	90.5	100	0
陕西	68.7	0	207.8	54.5	0
甘肃	26.3	0	78.9	33.3	0
青海	39.4	0	78.9	50.0	0
宁夏	93.1	0	288.7	66.7	0
新疆	52.5	0	149.1	70.0	0

3. 呕吐毒素

全株玉米青贮中呕吐毒素含量平均值、最大值均低于国家限量标准，但除安徽、云南、青海外，各省区呕吐毒素均有检出，其中吉林、黑龙江2省检出率超过50%，河北、辽宁、山东、甘肃、新疆5省区检出率超过30%（表4-4），需要进一步加强对各省区全株玉米青贮中呕吐毒素的监测。

表4-4 不同省区呕吐毒素检测情况

省区	平均值（μg/kg）	最小值（μg/kg）	最大值（μg/kg）	检出率（%）	超标率（%）
河北	386.5	0	1 751.0	37.1	0
山西	131.11	0	1 573.3	8.3	0
辽宁	414.3	0	1 568.2	37.5	0
吉林	1 043.2	0	1 973.2	66.7	0
黑龙江	691.9	0	2 545.3	52.9	0
安徽	0	0	0	0	0
山东	720.8	0	2 400.0	47.2	0
河南	192.9	0	1 886.6	15.4	0
云南	0	0	0	0	0
陕西	393.7	0	1 723.9	27.3	0
甘肃	299.2	0	897.7	33.3	0

（续表）

省区	平均值 （μg/kg）	最小值 （μg/kg）	最大值 （μg/kg）	检出率 （%）	超标率 （%）
青海	0	0	0	0	0
宁夏	115.5	0	897.7	13.3	0
新疆	500.8	0	1 792.0	30.0	0

（三）存在问题

全株玉米青贮中黄曲霉毒素B_1、玉米赤霉烯酮、呕吐毒素、伏马毒素B_1、赭曲霉毒素A、T-2毒素检出值均低于国家标准限量值，未出现超标现象，其中赭曲霉毒素A、T-2毒素未检出。与2019年相比，黄曲霉毒素B_1、玉米赤霉烯酮、呕吐毒素检出率分别降低34.5个百分点、7.5个百分点和3.0个百分点，但玉米赤霉烯酮、伏马毒素B_1检出率超过50%，这可能与各地气候条件及土壤环境、玉米青贮的种植和贮后管理等因素密切相关。

（四）建议

一是继续加强对霉菌毒素监测。虽然全株玉米青贮中霉菌毒素未出现超标现象，但黄曲霉毒素B_1、玉米赤霉烯酮、呕吐毒素、伏马毒素B_1均有检出，特别是玉米赤霉烯酮、伏马毒素B_1检出率超过50%，应当重点被关注。扩大各省区对玉米赤霉烯酮、伏马毒素B_1监测范围，重点加强检出率高的省区监测力度，加大监测数量和范围，同时也要加强对黄曲霉毒素B_1的关注。

二是加强优质青贮饲料生产技术指导与培训。根据区域特点和需求，开展针对性指导培训，特别是对霉菌毒素检出率高的省区，加强霉菌毒素的防控。加大对养殖企业尤其是小规模牧场和养殖户的技术培训，提高优质全株玉米青贮生产技术水平、管理水平和能力，提高青贮质量，降低青贮安全风险。

五、2021年全株玉米青贮质量安全工作重点

（一）加强全株玉米青贮质量安全跟踪评价

全面掌握粮改饲试点地区全株玉米青贮质量状况，确保粮改饲实施效果。一是继续加强全株玉米青贮质量安全跟踪评价。2020年，增加监测品种数量和样品数量。全覆盖采样，采样品种除了全株玉米青贮外，加强苜蓿青贮样品的采集。二是加强对霉菌毒素监测。尽管霉菌毒素未出现超标现象，但霉菌毒素检出率明显上升，重点加强检出省区监测力度，加大监测数量和范围。

（二）全面实施全株玉米青贮质量分级体系

加快实施全株玉米青贮质量分级标准，促进养殖企业与专业种植公司（合作社）形成优质优价为基础的种养一体化融合，提升青贮饲料质量水平。

（三）实施优质青贮行动，助力牧场提质增效

继续实施GEAF计划，针对各省区粮改饲存在的实际问题，项目团队与各省区技术推广单位和相关技术企业通力合作，开展区域性技术指导、技术培训、技术服务。一是加大区域性省区优质青贮技术合作，开展青贮技术培训、技术示范及推广；二是开展青贮饲料报告数据解读，指导生产；三是举办第五届中国青贮饲料质量评鉴大赛，推动青贮品质升级。实施优

质青贮行动，全面提高全株玉米青贮品质，提高青贮饲料转化率，带动牧场提质增效。

（四）搭建全国青贮饲料科技创新中心

组建一支涵盖种植、收贮、利用等环节产学研用一体化的青贮饲料科技创新中心，联合攻克青贮关键技术难题、制定优质青贮饲料标准化调制技术规范、培训实用化技术人才、普及青贮饲料应用知识，实现种、收、贮、用的有机衔接。

附件1

粮改饲—优质青贮行动计划（GEAF计划）

一、目的

为解决玉米青贮种、收、贮、用等技术环节存在的实际问题，全国畜牧总站和中国农业科学院北京畜牧兽医研究所联合组织实施粮改饲—优质青贮行动计划（GEAF计划），旨在提升玉米青贮品质，确保粮改饲实施效果，促进畜牧业高质量发展。

二、组织管理

GEAF计划在农业农村部畜牧兽医局指导下，由全国畜牧总站和中国农业科学院北京畜牧兽医研究所具体组织实施，粮改饲试点省区各级畜牧行政主管部门和技术推广单位与生产企业配合。技术推广协调办公室设在全国畜牧总站饲料行业指导处，人员由全国畜牧总站饲料行业指导处和中国农业科学院北京畜牧兽医研究所反刍动物营养创新团队相关人员共同组成。

三、实施内容

1. 技术推广服务团队

由畜牧技术推广单位、科研院所、高校、牧场及企业等专业技术人员组成优质青贮技术推广服务团队，各省区委派1名联络员。技术推广服务团队以示范基地为中心，开展GEAF技术集成、技术服务、技术指导和技术培训等。

2. 优质青贮行动计划示范基地

在粮改饲17个试点省区筛选52个示范点，建立优质青贮行动计划示范基地。筛选原则如下：

（1）每个粮改饲试点省区（包括黑龙江农垦）推荐2~4个示范基地；示范基地必须是粮改饲补贴主体。

（2）示范基地涵盖不同养殖规模主体和专业收贮主体。奶牛存栏不低于1000头，单产不低于9t；肉牛存栏不低于300头；羊存栏不低于1000只；专业收贮主体年收贮量不低于3万t。

3. 优质青贮行动计划技术规范体系

根据不同地区、不同积温带的特点，从种植、调制、评价、利用各个环节建立适宜的优质青贮GEAF规范体系，指导青贮饲料生产和推广应用。种植（Growing）：绿色高效青贮种植关键技术，包括青贮品种筛选、田间种植技术、田间管理技术；调制（Ensiling）：优质青贮饲料调制关键技术，包括收获时间判断、收刈技术、青贮运输、青贮发酵技术、压实、封窖技术；评价（Assessment）：优质青贮饲料质量评价体系，包括青贮感官指标、营养指标、发酵指标、卫生指标、有氧稳定性、籽实破碎指数评价等；利用（Feeding）：优质青贮饲料高效利用技术，包括青贮取料技术、淀粉利用率评价、TMR日粮配制技术。

4. 示范推广

以示范基地为中心，开展青贮种植关键技术、调制关键技术、质量评价体系和高效利用技术标准的示范观摩，并在粮改饲试点县推广优质青贮GEAF规范体系，提高青贮饲料品质，确保粮改饲实施效果。

附件2

中国全株玉米青贮样品的采集与评价指标

一、中国全株玉米青贮样品采集情况

（一）采样数量

2020年全年累计检测1 270批次全株玉米青贮样品，其中粮改饲试点省区抽样737批次和相关单位委托检测533批次。在粮改饲17个省区629个试点县中，进行全覆盖采样，共采集有效青贮样品737批次，其中河北105批次、山西35批次、内蒙古6批次、辽宁25批次、吉林48批次、黑龙江59批次、安徽14批次、山东106批次、河南99批次、广西13批次、贵州31批次、云南21批次、陕西30批次、甘肃38批次、青海21批次、宁夏48批次、新疆38批次；接收相关单位委托检测533批次。

（二）采集对象

规模化养殖场、养殖小区及青贮饲料专业生产企业。

（三）采样方法及流程

全株玉米青贮样品由优质青贮技术推广服务团队进行采样。具体采样方法、采样流程由中国农业科学院北京畜牧兽医研究所制定。

二、中国全株玉米青贮样品评价指标与方法

（一）评价指标

1. 质量指标

（1）营养指标：干物质（DM）、粗蛋白质（CP）、淀粉、中性洗涤纤维（NDF）、30h中性洗涤纤维消化率（30h NDFD）、30h可消化中性洗涤纤维（30h dNDF）、酸性洗涤纤维（ADF）、粗脂肪（EE）、灰分（Ash）含量。

（2）发酵指标：pH值、氨、乳酸和乙酸含量。

（3）全株玉米青贮质量分级指数：CSQS。

2. 安全卫生指标

（1）黄曲霉毒素B_1

（2）玉米赤霉烯酮

（3）呕吐毒素

（4）伏马毒素B_1

（5）赭曲霉毒素A

（6）T-2毒素

（二）检测方法

1. 质量指标

质量指标采用近红外光谱法分析（中国农业科学院北京畜牧兽医研究所，2018）。

2. 全株玉米青贮质量分级指数

以4个营养指标（CP、30h NDFD、淀粉、EE）和2个发酵指标（氨、乳酸）为核心指标建立综合评分体系（中国农业科学院北京畜牧兽医研究所，2019）。

3. 安全卫生指标

霉菌毒素：参照国家饲料质量监督校验中心(北京)饲料中37种霉菌毒素测定标准操作指导书，液相色谱串联质谱法。

常用名词、术语中英文全称及英文缩写

中文全称	英文全称	英文缩写
干物质	Dry matter	DM
粗蛋白质	Crude protein	CP
中性洗涤纤维	Neutral detergent fiber	NDF
酸性洗涤纤维	Acid detergent fiber	ADF
中性洗涤纤维消化率	Neutral detergent fiber digestibility	NDFD
可消化中性洗涤纤维	Digestible neutral detergent fiber	dNDF
淀粉	Starch	Starch
粗脂肪	Fat	EE
灰分	Ash	Ash
全株玉米青贮质量指数	Corn silage quality index	CSQI
全株玉米青贮质量分级指数	Corn silage quality scoring index	CSQS